无煤柱自成巷开采技术综合效益评估

黄瑞峰　杨晓杰　杨　刚　彭文雨　曹金栋　著

中国矿业大学出版社
·徐州·

内容提要

无煤柱自成巷开采技术是一种资源节约型、环境友好型、安全可靠型开采方法，本书基于矿山岩体力学理论、外部性理论、可持续发展理论、完全成本理论等，介绍了无煤柱自成巷开采110工法、N00工法技术工艺，系统阐释了以经济效益、安全效益、环境效益和社会效益为核心的综合效益评价指标体系和模型，对比分析了传统开采方法、110工法、N00工法综合效益，并给出了相关工程实例。

本书填补了无煤柱自成巷开采技术综合效益评估研究空白，可为从事矿业经济学、采矿工程、安全工程等相关领域的科技工作者以及矿山工程技术人员参考使用。

图书在版编目(CIP)数据

无煤柱自成巷开采技术综合效益评估 / 黄瑞峰等著.
徐州 ：中国矿业大学出版社，2024.10. — ISBN 978-7-5646-6471-8

Ⅰ. TD823.4

中国国家版本馆 CIP 数据核字第 20243RX349 号

书　　名　无煤柱自成巷开采技术综合效益评估
著　　者　黄瑞峰　杨晓杰　杨　刚　彭文雨　曹金栋
责任编辑　马晓彦
出版发行　中国矿业大学出版社有限责任公司
（江苏省徐州市解放南路　邮编 221008）
营销热线　(0516)83885370　83884103
出版服务　(0516)83995789　83884920
网　　址　http://www.cumtp.com　**E-mail**:cumtpvip@cumtp.com
印　　刷　江苏凤凰数码印务有限公司
开　　本　787 mm×1092 mm　1/16　**印张** 10.5　**字数** 200 千字
版次印次　2024 年 10 月第 1 版　2024 年 10 月第 1 次印刷
定　　价　47.00 元
（图书出现印装质量问题，本社负责调换）

前　言

煤炭是我国能源安全的“压舱石”和主体能源，其综合开采效益直接影响着国民经济发展质量。传统煤炭资源开采方式诱发资源保护、生态环境、安全生产难题，直接制约了其综合效益。在资源保护方面，传统开采方式留设了大量区段保护煤柱，导致资源采出率低；在生态环境方面，传统开采方式导致地表不规则沉降、地下水流失与污染等系列环境难题；在安全生产方面，传统开采方式形成灾害性应力集中，导致安全生产事故频发。随着科学技术和国民经济的不断发展，资源节约型、环境友好型、安全可靠型开采方法成为当前煤炭工业发展的主流方向之一，无煤柱自成巷开采方法正是这一背景下的重要成果。

作为煤炭开采技术的一次重要突破，无煤柱自成巷开采技术核心在于优化开采布局，利用岩体碎胀平衡采空区压力，应用矿压自动成巷等先进机制。该技术取消了煤柱留设和巷道掘进工序，却显著提高了煤炭资源回收率和安全性，开采扰动导致的地层环境损伤也得到有效控制，同时降低了开采过程中的安全风险，为矿工提供了更加安全的工作环境。

然而，目前尚无针对无煤柱开采技术综合效益的研究。基于无煤柱自成巷开采技术的理论研究和工程实践，本书重点介绍了其开采技术工艺，系统阐释了以经济效益、安全效益、环境效益和社会效益为核心的综合效益评价指标体系和评价模型，并基于延安市禾草沟二号煤矿有限公司(简称禾草沟二矿)和陕煤集团神木柠条塔矿业有限公司(简称柠条塔煤矿)工程实践进行了案例分析。本书共分为11章,各章编写分工为:第1章,杨晓杰;第2章~第6章,黄瑞峰、杨晓杰、杨刚、彭文雨;第7章~第11章,黄瑞峰、杨晓杰、杨刚、曹金栋。此外,研究生董洁、郭一鸣等进行了文字校订和图片编辑等工作。

本书得到了国家自然科学基金面上项目(52074295)、廊坊市科学技术研究与发展计划自筹经费项目(2023011025)、华北科技学院科技基金项目A类(3142023015)的资助。书中一些主要内容是上述项目的研究成果。

由于作者水平有限,书中有不尽完善之处,敬请读者批评指正。

作者

2024年8月

目　录

1 绪 论

1.1 问题的提出

煤炭资源是我国的主体能源，是国家能源安全的“压舱石”，为国家经济的飞速发展提供了动力支撑[1-5]。《BP 世界能源统计年鉴(2024)》数据显示，2023 年全球煤炭总产量约 77.25 亿 t，其中我国煤炭产量约 35.71 亿 t，占全球煤炭总产量的 46.23%。2023 年全国能源消费量为 57.2 亿 t 标准煤[6-7]，煤炭消费占全国一次能源消费总量的 55.3%，石油占比约为 18.3%，天然气占比约为 8.5%，水电、风电和核电等新能源占比约为 17.9%，如图 1-1 所示。预计到 2030 年，煤炭在一次能源消费结构中仍可占比 50%。由于我国富煤、贫油、少气的资源禀赋，煤炭作为我国主体能源的格局在短期内难以改变。

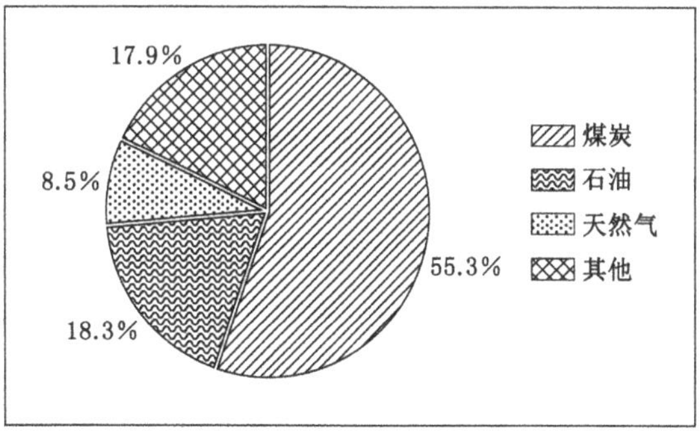

图 1-1 2023 年我国一次能源消费结构

我国传统的煤炭开采方法为长壁开采，即每布置 1 个采煤工作面，需要提前掘进 2 条工作面回采巷道并留设 1 个保护煤柱。传统开采方法对于我国的煤炭开采具有重要意义，为我国经济社会的发展做出了巨大贡献。但传统开采方法不可避免地存在诸多问题，比如留设煤柱造成严重的资源浪费，巷道掘进量大造成原煤生产成本高、矿井投产周期长，煤矿巷道应力集中造成安全事故多发等[8-9]。这些问题严重制约着我国煤炭工业的健康发展，对煤炭行业经济、安全、环境和社会等方面造成严重的负面影响。为了解决这一问题，中国科学院院士何满潮提出“切顶短臂梁”理论，即通过切顶卸去矿山压力，从而在不需要留设煤柱的同时，实现巷道自动形成，即无煤柱自成巷 110 工法（以下简称 110 工法）[10]。该工法每布置 1 个采煤工作面，只需要提前掘进 1 条工作面回采巷道，且无须留设煤柱。与传统开采方法相比，110 工法可以大幅度提高煤炭资源的回收率，同时降低矿井的掘进率，具有显著的经济效益。在 110 工法基础上，无煤柱自成巷 N00 工法（以下简称 N00 工法）应运而生[11]。N00 工法可以实现在采区或盘区范围内，取消煤柱的留设和巷道的提前掘进。无煤柱自成巷 110/N00 工法在减少巷道的掘进量、避免煤柱资源的浪费方面具有重要价值，同时对保证煤矿安全生产、减少生态环境破坏等具有积极意义[12]。

与无煤柱自成巷 110/N00 工法相比，传统长壁开采方法具有如下缺陷：

(1) 留设区段煤柱导致资源浪费。相邻工作面之间需留设宽度为 20 m 左右的煤柱，残留的煤柱造成极大的资源浪费，导致采区回采率低等问题。

(2) 巷道掘进工程量大。据统计，我国巷道掘进量达到 13 000 km/a，其长度较地球直径长；巨大的掘进工程造成各大矿区普遍存在采掘接续紧张难题，严重制约煤炭资源安全高效开采。

(3) 留设煤柱导致灾害性应力集中。煤柱虽然在一定程度上可以保护采煤工作面，但其上部存在明显应力集中，存储了大量的弹性变形能，易导致支护困难，造成巷道大变形、冲击地压等灾害[13]。

(4) 地表下沉剧烈。传统长壁开采方法采动影响剧烈，破坏地下水平衡，并导致地表呈现台阶式下沉，破坏地表附着物。

1.2 无煤柱开采技术研究现状

18 世纪初，英国首次采用长壁 121 开采，即煤炭开采时，回采 1 个采煤工作面一般需要先掘进 2 条工作面回采巷道，同时为了保证下一采煤工作面的正常开采，需要在两个采煤工作面之间留设一条保护煤柱[14]。其工作面和巷道布置方式如图 1-2(a)所示。在采用传统开采方法进行煤

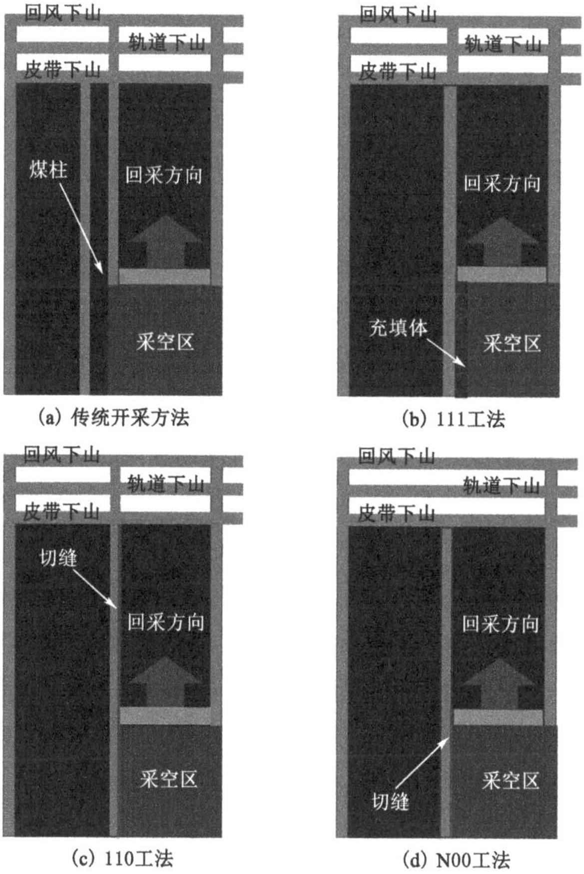

图 1-2 煤矿各开采工法示意图

炭开采和研究的过程中，形成了大煤柱传统开采方法和小煤柱传统开采方法，为国家矿业技术的发展做出了突出贡献。20 世纪六七十年代，钱鸣高院士通过研究采空区岩层压力传递规律，形成了长壁开采大煤柱传统开采方法[15-16]。20 世纪七八十年代，宋振骐院士研究高应力区的矿压分布规律，提出可以在内应力场掘巷，留设小煤柱，推动了传统开采方法的发展[17-18]。

长壁开采 111 工法通过人工充填体等效替换出传统采煤方法开采时预留的煤柱实现沿空留巷，采用该技术进行采煤时，每回采一个工作面需要掘进 1 条回采巷道和布设 1 条充填岩柱，并预留上区段回采巷道为本区段回采时使用，从而取消了护巷煤柱[19-21]，如图 1-2(b)所示。在沿空留巷技术和巷旁支护技术方面，国外已经有了较长的发展历史，19 世纪 60 年代德国开始采用石膏、硅酸盐水泥等材料进行充填，英国采用高水材料进行巷旁充填，波兰、苏联采用各种支架的设计进行巷道支护[22-24]。在 20 世纪中期，我国逐步对沿空留巷进行相关研究，经过将近 70 年的发展，从最初在薄煤层用矸石替代煤柱，到采用密集支柱和性能良好的砌块在中厚煤层进行巷旁支护，随着机械化程度的提高，借鉴国外技术发展高水巷旁充填护巷技术，并对充填材料、工艺、设备进行研究，通过沿空留巷实现煤与瓦斯共采[25-29]。

2009 年，何满潮院士提出 110 工法，即回采 1 个工作面，只需掘进 1 条回采巷道，且不留煤柱[6]，如图 1-2(c)所示。110 工法于 2010 年在川煤集团白胶煤矿首次应用，取得了良好的效果。此后，110 工法在各种复杂条件下都得以成功应用，例如，在复合顶板（白皎煤矿）、破碎顶板（嘉阳煤矿）、坚硬顶板（唐山沟煤矿）和夹煤顶板（哈拉沟煤矿）等不同顶板结构的矿井，薄煤层（禾草沟煤矿）、中厚煤层（恒源煤矿）和厚煤层（金凤煤矿）等不同煤层厚度的矿井，以及浅埋深（瑞能煤矿）、中厚埋深（南屯煤矿）和大埋深（城郊煤矿）等不同埋深的矿井，现场应用效果都良好，取得了显著的社会效益和经济效益[30-33]。

2016 年，在 110 工法成功应用推广的基础上，科技工作者们进一步对工作面和巷道之间的布局、无煤柱自成巷开采的工艺体系、开采装备配套体系等进行了深入研究，提出了一种无须提前掘巷且不留煤柱的开采方法，即 N00 工法，如图 1-2(d)所示。N00 工法对煤矿安全、高效生产具有革命性意义，并在柠条塔煤矿实现了成功应用[34-35]。

1.3　煤炭资源开采综合效益评价研究现状

经济、安全、环境和社会等方面是煤炭资源开采过程中效益评价的重点和难点，因此大量科研和工程技术人员基于以上认识开展了许多卓有成效的研究。

1.3.1　煤矿经济效益研究

关于煤矿的经济效益分析，主要从具体的经济财务指标（经济学中指标，如净现值、投资回收期等）、成本效益分析（成本支出、效益产出）、效益评级（建立指标体系、结合不同的评价方法）三个方面对煤矿进行经济效益的分析研究，但也有部分学者分析环境、安全、资源等非直接经济指标对于煤矿经济发展的影响。卫明师[36]研究了煤炭企业经济效益分析中存在的弊端，提出了使用模糊综合评判法从效果、效用、安全和耗费四个方面对企业经济效益进行分析，并将模型应用到实际煤炭企业的经济效益分析中。张甫仁等[37]从盈利能力、偿债能力和贡献能力三个方面建立准则层，应用层次灰色关联度法对煤炭企业的综合经济效益进行评判分析。郭敬[38]分析了我国煤炭经济发展的现状，指出环境污染、资源浪费和安全等问题严重影响了煤炭行业的发展，提出要从企业多元发展、政府调控、技术创新、资源优化和安全生产五个方面共同出发，以此来保证煤炭经济的发展。Chen 等[39]分析了我国露天煤矿的发展状况，提出了由地下开采向露天开采转变的标准，并以山西朔州山阴金海洋元宝湾煤业有限公司为例进行了实证研究，证明了煤价上涨有利于露天煤矿的发展，露天开采的总效益、年效益、净现值均大于地下开采，应积极考虑由地下开采向露天开采的转变。Zhang 等[40]为了研究矸石含量对经济效益的影响，实现综放工作面合理放顶，分析了矸石含量与放顶煤间距的关系，当煤矸石流动比为15%～25%、放煤率为98%左右时，应停止放煤；将废石含量控制在8%左右，可以达到矿山经济效益最大化，利润增长率为30.76%。Zheng等[41]通过现场调查，对阳泉井田卸压煤层气开采成本进行了调查分析，并在此基础上推行了先进的作业成本管理方法，结果表明进行成本准确计量的重点是作业成本动因，其对煤层气开采成本有显著影响。Li等[42]运用经济学的理论方法分析了煤炭开采的经济行为，提出了实现煤炭资源全成本的政策机制，建立煤炭企业全成本体系，将包括外部成本在内的各种成本融入煤炭价格，同时将用户成本、环境成本、安全成本、资源枯竭后的开发成本等纳入煤炭开采成本核算范围。Wang等[43]建立了产品结构优化的算法模型，将多个影响因素转化为模型参数和约束条件，然后利用粒子群优化算法搜索产品结构的最优方案，实现经济效益的最大化；但只是对简化的产品结构进行了研究，建立了相应的模型，并给出解决方案。

1.3.2 煤矿安全效益研究

煤矿安全评价分析主要是从煤矿安全的特征、煤矿安全管理体系等方面出发建立安全评价指标体系，并结合评价对象的实际情况采用不同的评价方法对煤矿安全进行评价和分析，从而可以针对性地解决煤矿生产中存在的安全问题。赵晓琪[44]分析了煤矿事故原因和事故特征，建立了我国煤矿事故原因模型，指出人、物、环境、管理、文化和信息等是影响煤矿本质安全的主要因素；建立了煤矿安全评价体系，运用模糊综合评价法进行了定量研究。刘洋[45]运用层次分析法（AHP）对煤矿通风系统进行了安全评价。穆仲[46]通过层次分析法建立了煤矿安全管理体系，得出不同因素对煤矿安全的影响程度为：安全基础因素＞人员安全意识因素＞技术环境因素。葛家新等[47]建立了北宿煤矿安全评价体系，并通过改进多边形评价对北宿煤矿的安全等级进行了评定划分。姜维维等[48]将数据包络分析和模糊综合评价法结合，在分析存在的问题、重要性、预控难点等基础上建立煤矿安全预控评价模型，并对5家煤矿进行优劣评定，结果与实际相符。

1.3.3 煤矿环境效益研究

彭婧[49]分析认为煤炭开采造成的污染主要有地表沉降及地表甚至地层水、气体、固体等不同程度污染，并从人文环境、生态环境和自然环境三个维度建立煤矿生态评价体系，同时给出了相应的解决措施。张瑞等[50]利用VIKOR法建立煤矿生态建设评价模型，解决了指标体系建立过程中多属性衡量冲突的问题。黄岑丽[51]分析了潞安矿区煤炭开采对地质环境造成的影响，基于开采对固体废弃物、土壤情况、水体情况、地面沉陷等方面的影响，对潞安矿区的地质环境进行综合评价，并给出了相关地质灾害的治理措施。胡振琪等[52]详细阐述了矿区生态自修复、自然修复和人工修复的相互关系，根据对矿区地表沉陷情况的相关调研分析，提出矿区生态科学合理分区与三种修复有机结合有利于实现生态修复的最大效益。王龙康[53]从煤矿安全隐患原因、隐患辨识、风险量等方面对煤矿安全隐患进行了层次分析，在此基础上，建立了动态煤矿风险预警模型。王亚博[54]研究了煤炭开采造成的地表塌陷对土地资源、地表植物和生产作物、生产和生活用水、地面各种建筑物造成的非污染生态的影响。蒲施桦[55]对矿区水土流失机理、特征、危害和防治措施等方面进行了分析，从而建立了DPSIR(驱动力-压力-状态-影响-响应)水土保持的综合效益评价模型，并在彬长矿区进行了实例应用。万林葳[56]深入分析了矿区生态建设不同阶段环境成本与效益的关系，提出了矿区生命周期理论。Ordin[57]对煤炭开采的生态经济评估方法进行了研究，认为在对生态经济进行评估时应客观评估和预测实际的生态破坏，并适当考虑到环境所有领域的长期后果，确定该地区和盆地煤炭开采的极限，超过该极限生态系统将退化。Mekush等[58]运用逻辑分析和统计分析相结合的方法，对矿区生态系统服务价值进行了核算，给出了煤炭企业设计阶段生态系统服务价值损失的计算结果，在生产地区的煤炭储量耗尽后，必须将其重新开垦的重点放在耕种和可持续利用生态系统服务资源上，恢复过程的效率可达60%～85%。

1.3.4 煤矿社会效益研究

张宝生等[59]以具体数据为基础，从国家战略、安全、环境、能源安全和经济等方面进行详细分析，并建立准则层对我国煤层气开发产生的综合效益进行了评价。Dane[60]分析了盎格鲁煤炭公司在南非的兰道煤矿产生的直接和间接的社会经济影响，主要是采矿对居民收入和就业、员工培训和技能发展、社会基础设施发展等方面的影响。

1.3.5 煤矿综合效益研究

庞晶等[61]对采煤塌陷区的土地整治、生态修复、综合治理的模式进行了研究，并对菏泽市的塌陷区治理模式应用层次分析法建立以经济效益、生态效益和环境效益为准则层的综合效益评价。赵国浩等[62]基于净现值、回采率计算构建了包括经济、环境、社会和资源子系统的煤炭开采综合效益评价模型。郑帅[63]对矿区水土保持综合效益进行评价的过程中考虑许多指标之间存在一定模糊内在的关联，利用 DPSIR 模型从驱动力、压力、状态、影响、响应方面进行指标划分，在此基础上建立以生态、经济、社会为准则层的 AHP 框架指标体系。王蕾等[64]以芦岭煤矿为例研究了分层综采和合层综采的综合成本，主要考虑两种综采方式直接成本和间接成本，并对两种综采方式的现金流量进行了经济评价。张凤麟[65]在进行煤层气项目经济评价时，考虑其经济性应减少甲烷排放，既可以提高煤层气的综合效益，又减少了煤矿事故等。崔艺馨等[66]分析并建立了矿山土地利用的经济效益、社会效益、生态效益三者之间的耦合模型，并将模型应用到朔南矿区，对矿区土地效益的综合发展具有指导意义。王娜[67]在分析煤炭企业资源开发利用和效益审计现状的基础上，构建了煤炭企业资源开发效益审计体系，建立了以效率、效果、公平性、环境为一级指标的煤炭资源开发利用审计评价指标体系。高新虹[68]分析了我国煤炭企业存在的问题主要有煤炭回采率低、伴生资源的利用率低、对生态环境的重视度低，并针对这些问题给出了相应的提高开采综合效益的措施。Krawczyk 等[69]将成本效益分析（CBA）应用于硬煤矿的经济效益评估中，其中，将社会成本效益和采矿造成的环境损失很好地包含进矿井的综合效益评估中。Zhu 等[70]采用熵权法和耦合度象限辨识法研究了整个生命周期煤炭开采对生态效益和经济效益的影响，以济宁市鲍店煤矿为例，通过对矿区 2010—2018 年经济效益和生态效益的分析发现其生态效益与经济效益耦合度呈半倒 U 形曲线，说明鲍店煤矿生态和经济可以协调发展。

2 110工法工艺技术体系

2.1 110工法基本原理

随着经济社会的发展，我国的采煤工艺大致经历了手工采煤、爆破采煤、普通机械化采煤和综合机械化采煤等发展阶段。采煤工艺和采掘装备的不断进步，推动了整个煤炭工业的蓬勃发展。目前，我国煤炭资源大多采用井工开采的方式，其中长壁开采方法是使用最广泛的井工开采方法。根据相邻工作面间是否留设保护煤柱，可将长壁开采分为留煤柱开采和无煤柱开采，如图2-1所示。留煤柱开采是指相邻工作面间留设一定宽度的保护煤柱，煤柱尺寸要满足保证巷道围岩在本工作面和下一工作面两次采动影响下稳定的要求。

当煤柱尺寸较大时，常称为区段大煤柱开采，如图2-1(a)所示。此时大煤柱中应存在弹性应力核，以保证相邻工作面的采动互不影响或影响微小。当上区段采煤工作面掘进平巷或工作面回采时，下区段工作面相邻平巷可同时掘进，尤其适合多个采煤工作面连续回采。区段大煤柱开采是我国长期采用的开采方法，为我国经济社会的发展做出了不可磨灭的贡献，但留大煤柱开采会造成煤柱资源的大量浪费，降低矿井的回采率。

区段小煤柱开采是指巷道与采空区间留设较小宽度的煤柱，煤柱尺寸一般小于10 m，如图2-1(b)所示。留小煤柱开采的核心原理是将下一工作面的平巷布置在上一工作面支承压力的极限平衡区内，避开支承压力峰值部分。这种开采方式可很大程度上提高煤炭采出率，但煤柱或巷道依然处于侧向支承压力的升高区，若处理不当容易造成巷道失稳，酿成

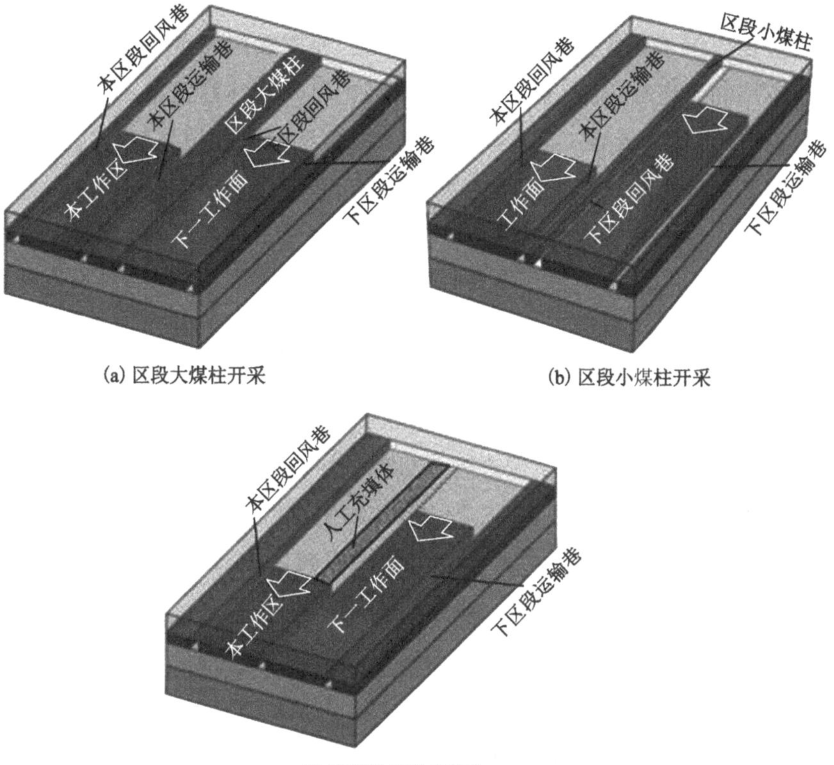

(a) 区段大煤柱开采

(b) 区段小煤柱开采

(c) 充填沿空留巷开采

图 2-1 留煤柱开采和充填无煤柱开采工作面布置示意

生产事故。此外，在留煤柱开采中，当本工作面回采完毕后，为其服务的回采巷道坍塌废弃，下一工作面继续掘进新的巷道，因此留煤柱开采每个工作面必须掘进两条回采巷道，因此容易造成矿井工作面接续紧张、采掘失衡、投产周期长等问题。

无煤柱开采是指相邻工作面间不留设任何煤柱的煤炭开采方式。其中，沿空留巷技术是矿井采用较为广泛的无煤柱开采技术，其核心是采取技术手段将上一区段的回采巷道沿空维护保留供下一区段继续使用。沿空留巷技术一般是在工作面开采过程中沿采空区边缘充填碎矸石、混凝土、高水材料等作为巷旁支护，来代替煤柱对巷道的保护作用，如图 2-1(c)所示。无煤柱开采技术取消了煤柱的留设，可以大大提高矿井的回采率，并降低矿井巷道的掘进率，具有显著的经济效益。但沿空留巷技术主要应用于条件较好的薄及中厚煤层，而厚煤层条件下充填沿空留巷的应用和研究较少，主要原因是厚煤层充填留巷往往需要大量的充填材料，不仅容易降低施工速度，而且采高过大易造成充填岩柱应力集中，制约着厚煤层无煤柱开采技术的发展。

切顶卸压 110 工法是无煤柱开采技术的一次重大升级与创新，其特殊之处在于无须使用人工充填材料，取消了常规沿空留巷中的充填岩柱，只需对顶板进行切顶卸压，利用矿山压力和岩体的碎胀特性即可实现无煤柱开采。110 工法中，工作面开采后采空区顶板在矿山压力的作用下垮落，自动形成巷道，其技术原理如图 2-2 所示。与充填沿空留巷本质不同的是，该技术成巷过程中需进行顶板预裂切缝，从而切断采空区顶板与巷道顶板的部分应力传递，避免采动应力集中对沿空巷道造成影响，提高了沿空巷道围岩的稳定性[71-72]。与传统沿空留巷方式相比，在 110 工法中，沿空巷道无须使用巷旁充填材料形成巷旁支护，节省了支护成本并提高了施工速度，具有更高的经济效益。

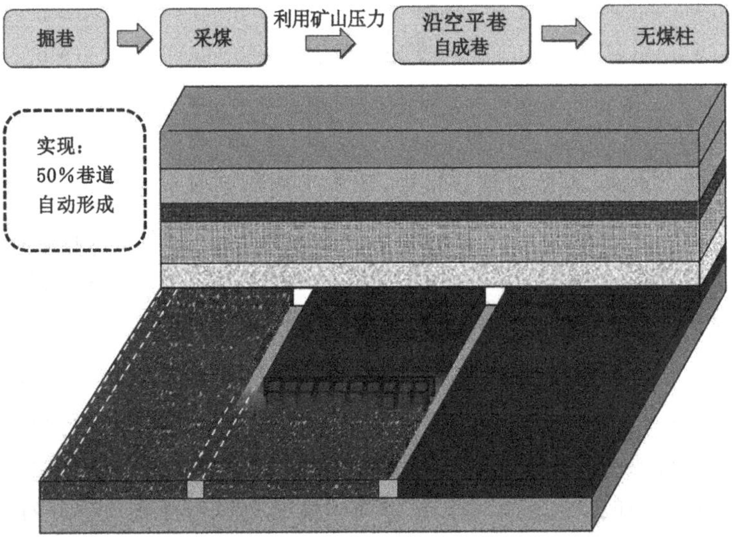

图 2-2　110 工法基本技术原理

此外，110 工法在矿井通风、避免井下瓦斯积聚方面也有巨大优势。留煤柱开采中，工作面两侧的平巷 1 条用于进风、1 条用于回风，构成典型的 U 型通风系统。该种通风方式应用于瓦斯矿井时，瓦斯易积聚在工作面上隅角，形成安全隐患。而 110 工法中，工作面两侧的平巷均可作为进风巷，所留巷道作为回风巷，形成 Y 型通风系统。Y 型通风系统可避免工作面上隅角瓦斯积聚，提高工作面开采的安全性。

综上所述，110 工法在提高煤炭回收率、缓解采掘接替紧张和解决隅角瓦斯积聚问题等方面有明显优势，是保持我国煤炭资源可持续发展的有效战略之一，是科学采矿的重要发展方向和技术支撑。

2.2　110 工法核心技术

110 工法具有三大核心技术，分别为双向聚能张拉成型爆破技术、恒阻大变形锚索支护技术、110 工法碎石帮控制技术。

2.2.1　双向聚能张拉成型爆破技术

2.2.1.1　双向聚能张拉成型爆破工作原理

(1) 双向聚能张拉成型爆破及新工艺

110 工法对巷道采空区侧顶板进行爆破预裂切顶，优化了留巷区域围岩应力与顶板结构，有利于切顶卸压沿空留巷的围岩稳定。爆破预裂切顶对钻孔的成孔质量有较高要求，为避免超前支承应力对钻孔的影响，要求超前工作面一定距离进行钻孔施工和预裂爆破。考虑到采场和沿空留巷围岩控制的双重要求，既要求沿走向在巷道采空区侧顶板形成连续有效的预裂切缝面，有利于采空区顶板回采后顺利垮落，达到顶板充分卸压的目的，又要求预裂爆破不能对巷道顶板产生破坏作用，保证沿空留巷顶板的稳定性和完整性。

双向聚能张拉成型爆破新技术是何满潮院士在常规爆破和控制爆破基础上发明的一种新型岩体聚能控制爆破专利技术，是指将药包放入在两个设定方向有聚能效应的双向张拉聚能装置，炸药起爆后，炮孔围岩在非设定方向上均匀受压，而在设定方向上集中受拉，从而实现被爆破体按照设定方向张拉断裂成型[73]。

该爆破技术是在对比研究多种聚能爆破和定向控制爆破方法的基础上发展起来的一种新型聚能爆破技术，施工工艺简单，应用时只需在预裂线上施工炮孔，采用双向张拉聚能装置装药，并使聚能方向对应于岩体预裂方向。爆轰产物将在两个设定方向上形成聚能流，并产生集中张拉应力，使预裂炮孔沿聚能方向贯穿，形成预裂面。由于钻孔间的岩石是拉断的，爆破炸药单耗将大大下降，同时由于双向张拉聚能装置对围岩的保护，钻孔周边岩体所受损伤也大大降低，所以该技术既可以实现预裂，又可以保护巷道顶板。

(2) 双向聚能张拉成型爆破预裂原理

双向聚能张拉成型爆破与其他控制爆破最大的区别是：借助双向张拉聚能装置实现设定断裂方向产生拉应力集中，利用该集中应力断裂岩体。而要使双向张拉聚能装置达到聚能张拉的效果，一方面，要求双向张拉聚能装置具有一定的强度，以减少爆轰产物对预留围岩的损伤；另一方面，要求聚能管强度不能过大，以减少作用于双向张拉聚能装置上的能量消耗和装置成本。具体应用时，在控制炮孔中采用双向张拉聚能装置进行装药，并使聚能方向对准控制断裂方向。炸药起爆后，爆轰产生的冲击波和应力波优先沿设定聚能孔方向集中释放，作用于聚能孔对应方向的孔壁上，在炮孔壁上形成和聚能孔方向一致的径向初始裂缝；随后，爆生气体涌入径向初始裂缝，在设定方向产生拉应力集中，断裂岩体，驱动裂缝沿设定方向扩展，从而形成光滑的控制爆破面，实现周边精确控制爆破。此外，由于双向张拉聚能装置壁的缓冲保护作用，在爆炸过程中，减少了冲击波和爆生气体对保留围岩的直接作用，从而抑制了非设定方向裂纹的发展，减少了对保留围岩的损伤[74]。

2.2.1.2 双向聚能张拉成型爆破受力分析

(1) 聚点条状能流

药包在双向张拉聚能装置中引爆后，爆轰应力波和爆生气体寻求空间以释放能量。由于双向张拉聚能装置的存在，在聚能孔的导向作用下，爆轰应力波和爆生气体的爆炸能先从聚能孔中释放，形成高速能量流，如图 2-3 所示。每一个聚能孔均汇集一股高能量流。就单一聚能装置整体而言，沿双向张拉聚能装置长度方向在聚能孔开孔方向上形成两个点条状能量流面，如图 2-3(a)所示。双向张拉聚能装置集聚的是点条状能流，与聚能穴(金属聚能罩)和轴对称切缝管差别明显。

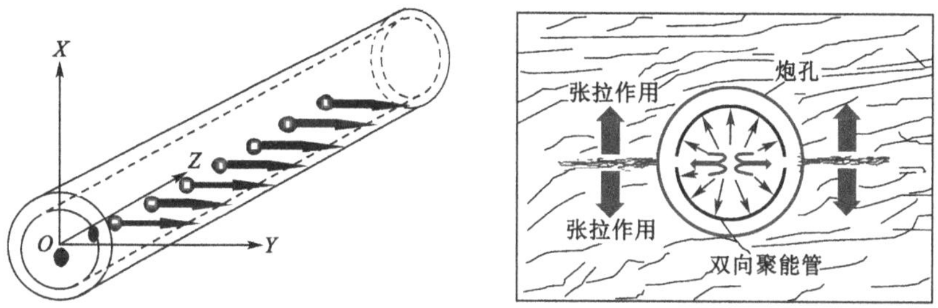

(a) 聚点条状能流模型　(b) 聚能拉张作用模型

图 2-3　双向聚能张拉预裂爆破特征图

(2) 双向张拉作用

炸药爆炸后，冲击波首先直接作用于双向张拉聚能装置开口对应的孔壁上，使其产生初始裂隙。随后，在爆生气体的作用下，炮孔及孔壁周围形成静应力场。在静应力场的作用下，炮孔径向受压应力作用(均匀受压)。在聚能孔的引导作用下，爆生气体涌入冲击波作用产生的初始微裂隙，产生气楔作用，由此在垂直初始裂隙方向(控制方向)产生张拉作用力，并出现应力集中，如图 2-3(b)所示。

正是在这部分集中张拉应力(XOY 平面张拉应力)，充分利用了岩石“抗压怕拉”的特性，致使岩体沿预裂隙方向失稳、断裂，从而促进裂隙(面)的进一步扩展、延伸。在现场应用中，若几个炮孔同时起爆，爆生气体静应力场在炮孔之间产生应力叠加效应，炮孔间的张拉应力作用增强，更易导致裂纹扩展；当相邻炮孔间距适当时，裂缝将得以贯通，形成光滑断裂面。

此外，从双向张拉聚能装置的每一个聚能孔中释放的能量流，除了对其对应的炮孔孔壁作用外，还会对聚能孔自身的孔壁四周产生均匀压力作用。同样，这部分均匀作用于聚能孔孔壁的压应力也将产生集中张拉应力，作用于垂直聚能孔连线方向的双向张拉聚能装置壁上。相对于岩体的张拉作用来说，作用于双向张拉聚能装置孔壁上的张拉作用力很小。

2.2.1.3　双向聚能张拉成型爆破过程受力模型

利用双向张拉聚能装置装药进行聚能爆破，在此过程中，双向张拉聚能装置起着三个重要的力学作用(见图 2-4)：① 对岩体的聚能压力作用，如图 2-4(a)所示，这时岩体局部集中受压；② 炮孔围岩整体均匀受压，设定方向上集中受拉，这种整体均匀受压产生局部集中受拉的前提为双向张拉聚能装置必须有一定的强度，对应该力学模型如图 2-4(b)所示；③ 炮孔间围岩在 *XOZ* 平面受张拉力作用，沿轴向围岩受到系列聚能孔的力学作用后，沿炮孔轴向设定方向对应的孔壁岩体受张拉应力作用，其力学模型如图 2-4(c)所示。

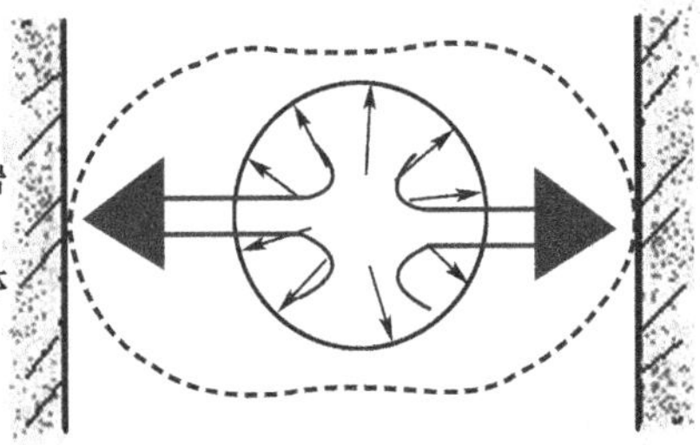

(a) *XOY*平面聚能受压模型

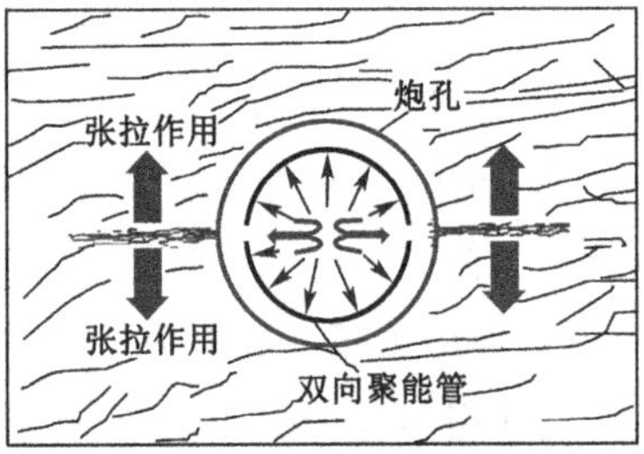

(b) *XOY*平面聚能张拉模型

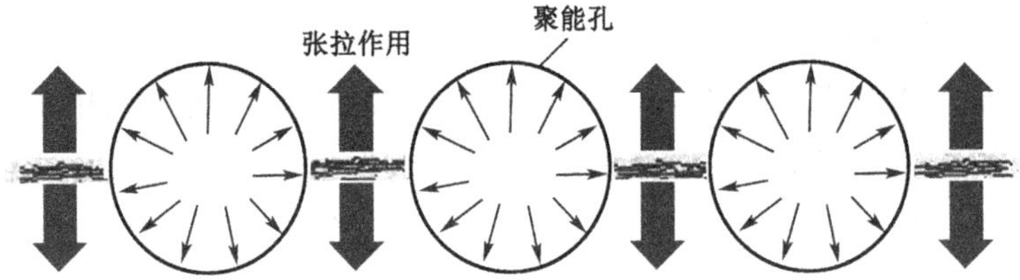

(c) *XOZ*平面聚能张拉模型

图 2-4　双向聚能张拉成型爆破受力模型

2.2.1.4　双向聚能张拉成型爆破顶裂效果

超前工作面一定距离实施双向聚能爆破预裂顶板后，切顶卸压沿空留巷顶板断裂结构如图 2-5 所示：切缝面使得下分层块体 B_1 无法形成稳定的砌体梁结构，从而发生滑落失稳，块体 B_1 将完全垮落到采空区而与块体 A_1 失去力学关系，切断了块体 B_1 向块体 A_1 的应力传递路径，即减小了块体 A_1 的变形及压力。顶板岩层垮落逐步向上部发展，由于切缝面的存在，切缝范围内岩层都无法形成砌体结构，滑落失稳后落入采空区，与沿空留巷侧向顶板失去力学关系，从而减弱了采空区顶板垮落对沿空留巷的扰动作用。当块体 B_2 垮落后，碎胀的矸石基本充满了采空区，上覆岩层块体 A_3、B_3 和 C_3 相互咬合形成了稳定的砌体梁结构，而上覆梁砌体结构在下位岩层切落形成的矸石垫层支撑作用下，下沉和旋转变形受到抑制，切顶卸压沿空留巷围岩的“给定变形量”明显减小。

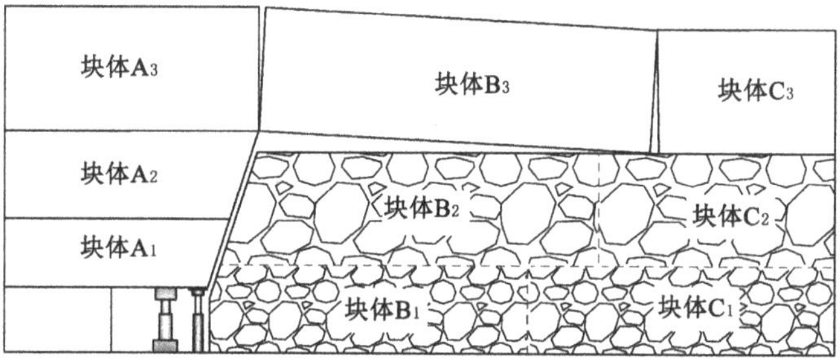

图 2-5　切顶卸压沿空留巷顶板断裂结构

2.2.2　恒阻大变形锚索支护技术

在地下工程支护中，预应力锚索是应用最广、用量最多的支护设备。随着开采深度的不断增大，巷道围岩常常表现出瞬时大变形的特点，具体表现为软岩大变形、岩爆大变形、冲击大变形、瓦斯突出大变形。由于传统预应力锚索延伸率低，不能适应地下工程围岩大变形的破坏特点。当围岩出现较大变形时，由于变形初期能量较大，围岩的变形能超出锚杆所能承受范围的储备量，往往会造成预应力锚索支护体系失效，进而造成地下工程冒顶、塌方等事故。恒阻大变形锚索则能解决传统预应力锚固体系存在的这种延伸率低、不能满足围岩大变形需要的问题。

基于恒阻吸能、以柔克刚的思想，何满潮院士及其团队提出了围岩大变形控制基本理论，构建了恒阻大变形锚索的设计框架，并于2009年成功研发出第一代恒阻大变形锚索支护材料，该锚索具有130 kN的恒定支护阻力。通过不断努力，2011年研发出第二代恒阻大变形锚索支护材料，该新型恒阻锚索的恒定支护阻力能够达到350 kN，且在保持阻力恒定的同时其变形量最大可达到1 000 mm。

恒阻大变形锚索由恒阻器、锚索体、锚索托盘和螺母组成，如图2-6所示。恒阻器套装于锚索体(钢绞线)的尾部，托盘和螺母依次套装在恒阻器的尾部。

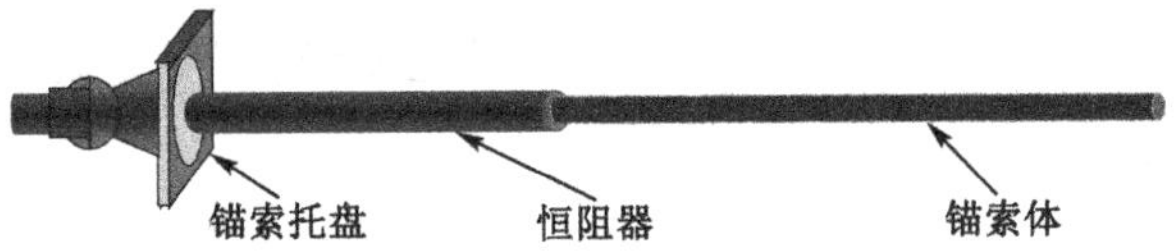

图2-6　恒阻大变形锚索结构示意图

恒阻大变形锚索和传统预应力锚索的一个主要差别就是其具有“让中有抗，抗中有让，防断恒阻”的特性，所以恒阻器是恒阻大变形锚索的核心部件[75]。将该恒阻器加到传统预应力锚索上，就可以实现恒阻大变形的功能。

2.2.2.1　恒阻大变形锚索控制围岩压力工作原理

(1) 围岩变形前——安装新型锚索

地下工程开挖后，破坏了原已稳定的岩体。一方面由于应力重新调整，岩体自身的力学属性承受不了而出现应力集中，产生塑性区或拉力区；另一方面是由于施工引起围岩松弛，加上地质构造的影响，降低了围岩的稳定程度。因此，在围岩尚未发生大变形破坏前，要根据地下工程支护设计要求，按照传统预应力锚索施工工艺，安装恒阻大变形锚索。恒阻大变形锚索支护原理如图2-7所示。

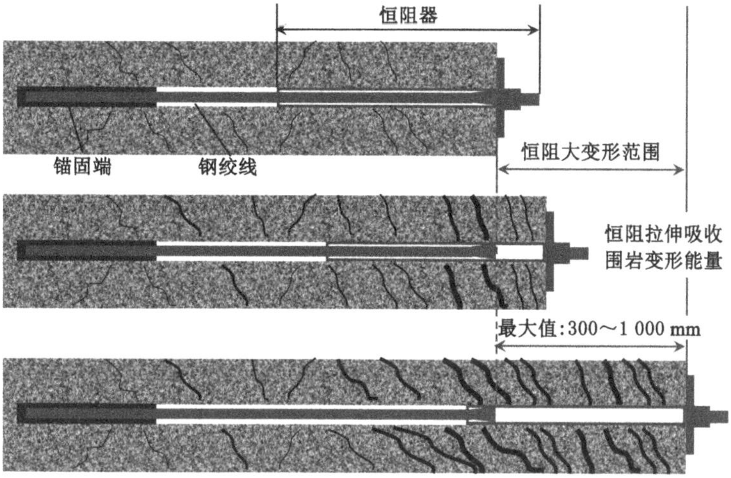

图 2-7 恒阻大变形锚索支护原理

(2) 围岩变形中——吸收变形能

地下工程围岩出现大变形破坏初期,能量较大,当围岩的变形能超出锚索的恒阻力范围时,恒阻体在恒阻套管内发生滑移,即恒阻大变形锚索随着围岩大变形而发生径向拉伸的大变形,以此来吸收变形能,避免由于岩土体大变形而发生锚索断裂、失效现象。

(3) 围岩变形后——巷道稳定

当围岩发生大变形之后,岩土体内部应力达到新的平衡,其能量得到释放,围岩的变形压力小于恒阻器的设计恒阻力,锚索轴力小于恒阻体与恒阻套管的摩擦阻力,围岩在恒阻大变形锚索的支护作用下再次处于稳定状态。

2.2.2.2 恒阻大变形锚索力学特性试验

采用深部岩土力学与地下工程国家重点实验室(北京)自主研制的HWL-2000 型恒阻大变形锚索拉力试验系统,采用准静态拉伸方法对恒阻大变形锚杆进行拉伸,获得恒阻大变形锚索静力拉伸试验曲线如图 2-8 所示。由图 2-8 可知恒阻大变形锚索在拉力作用下,工作阻力迅速上升,为弹性增阻阶段;当其工作阻力上升到一定水平后,恒阻器开始产生滑移变形，基本处于恒定阻力工作状态，为恒阻变形阶段。

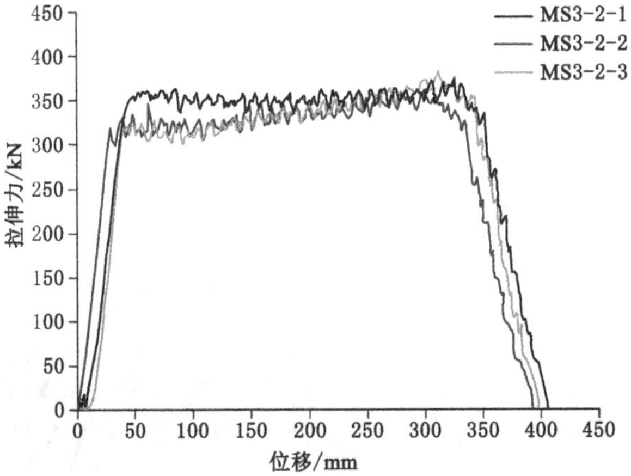

图 2-8 恒阻大变形锚索静力拉伸试验曲线

为检验恒阻大变形锚索抵抗冲击和吸收能量的性能，采用 LEW-20WJ 型恒阻大变形锚索落锤冲击试验系统对恒阻大变形锚索进行了动力特性室内试验，并记录了锤体冲击能量、锚索伸长量和恒阻器工作阻力等试验数据。

LEW-20WJ 型恒阻大变形锚索落锤冲击试验系统由主机、控制系统及测力传感系统等组成，如图 2-9 所示。

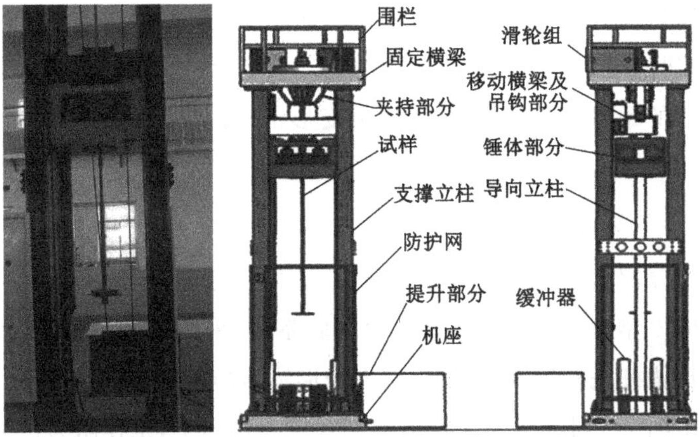

图 2-9 LEW-20WJ 恒阻大变形锚索落锤冲击试验系统

恒阻大变形锚索动力冲击试验曲线如图 2-10 所示。由图 2-10 可知:在动力冲击作用下,恒阻大变形锚索工作阻力基本保持在 350 kN 左右,并在运动过程中吸收冲击能量,具有良好的抵抗冲击、恒阻吸能特性。

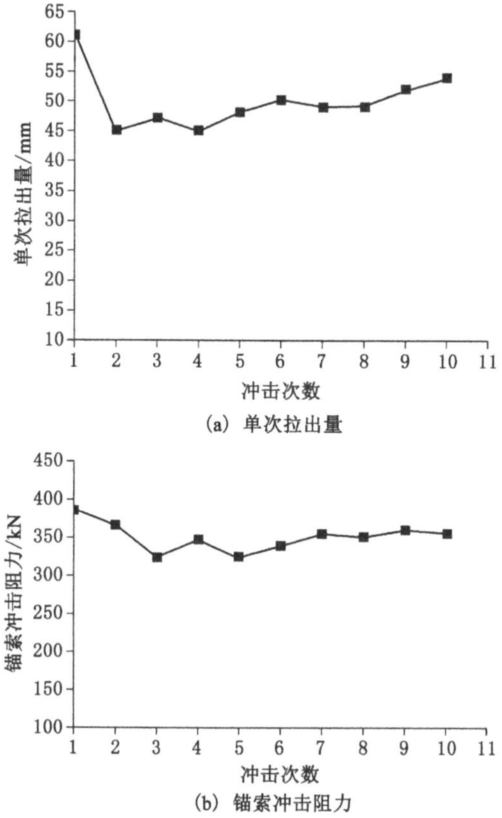

图 2-10 恒阻大变形锚索动力冲击试验曲线

2.2.2.3 恒阻大变形锚索关键部位支护

110 工法采空区侧顶板为巷道变形破坏的关键部位,在巷道基本支护的基础上,工作面回采前,采用恒阻大变形锚索加固巷道采空区侧顶板,如图 2-11 所示。

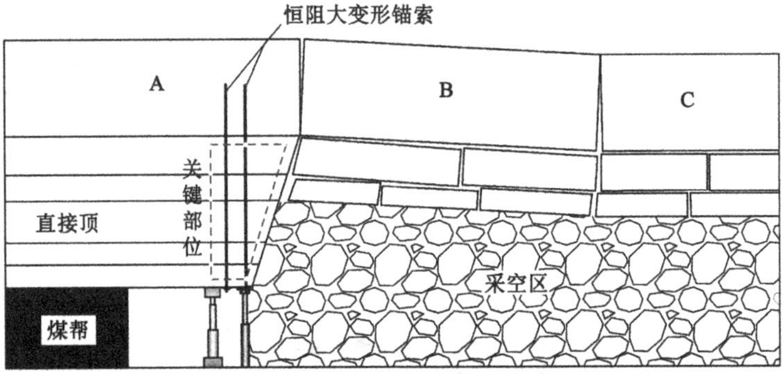

图 2-11　恒阻大变形锚索支护位置

通过恒阻大变形锚索加固采空区侧顶板，提高了顶板岩层在实体煤侧的抗弯矩能力，有效阻止了顶板的离层和错动；顶板岩层抗弯矩能力的提高限制了基本顶向采空区的旋转，减小了基本顶对采空区侧直接顶的挤压力，避免了采空区侧直接顶围岩挤压破碎，防止垮冒、漏冒现象的发生；抵抗预裂爆破对采空区侧顶板的爆破冲击扰动，吸收爆破能量，保证了顶板关键部位的完整性及稳定性，从而避免了承载结构的破坏，达到了保证深部切顶卸压沿空留巷围岩稳定的目的。

综上，恒阻大变形锚索在锚索轴力大于恒阻力后，依然具有一定的抗力，不会出现突然断裂失效、围岩破坏的现象。在以该新型锚索作为支护材料的地下工程中，当围岩发生一定变形时，该锚索也可以随之拉伸变形，使围岩中的变形能得到释放，而该锚索拉伸之后仍然能够保持恒定的工作阻力，实现了地下工程围岩的稳定，消除了冒顶、塌方、偏帮、剧烈底鼓等安全隐患。

2.2.3　110 工法碎石帮控制技术

2.2.3.1　*碎石帮变形特征*

随着工作面推进，采空区顶板岩体逐渐垮落，但垮落过程有一定的时效性，整体表现出“垮落→压实→稳定”的动态演变过程。垮落过程中矸石对巷旁挡矸结构有冲击作用，而压实过程中主要表现为横向挤压作用。

薄及中厚煤层中，工字钢为常用的护帮结构，护帮效果满足留巷要求。例如，禾草沟煤矿 1105 工作面(平均煤厚 0.8 m)、哈拉沟煤矿 12201 工作面(平均煤厚 1.9 m)等均采用工字钢挡矸，挡矸效果良好。

2.2.3.2　碎石帮分区控制技术

矸石垮落过程中对挡矸结构具有较强的冲击性，此外，经过一段时间稳定后的矸石堆对挡矸结构的剩余侧向挤压力也有很大量级。传统挡矸结构应用至厚煤层时，在侧向强冲击作用下，首先形成了挡矸结构横向弯曲的启动条件，而后在顶板下压和侧向挤压作用下，再次增加了其形变量，造成碎石帮整体稳定性降低。

为了控制矸石帮压力，往往需要对其进行针对性的控制。碎石帮控制分区示意如图 2-12 所示。① 超前区：超前工作面巷道上部为实体煤岩体，该区域无须考虑矸石垮落影响。② 冲击区：该区域一般为工作面后方 6～10 m 区域，主要受垮落矸石冲击影响。③ 压实区：矸石垮落后，上覆岩层将逐步向下移动，对碎胀矸石形成挤压力，易导致所留巷道矸石帮严重变形。④ 稳定区：随着工作面的充分采动，采空区矸石逐步被压实，其受力逐步趋于稳定。

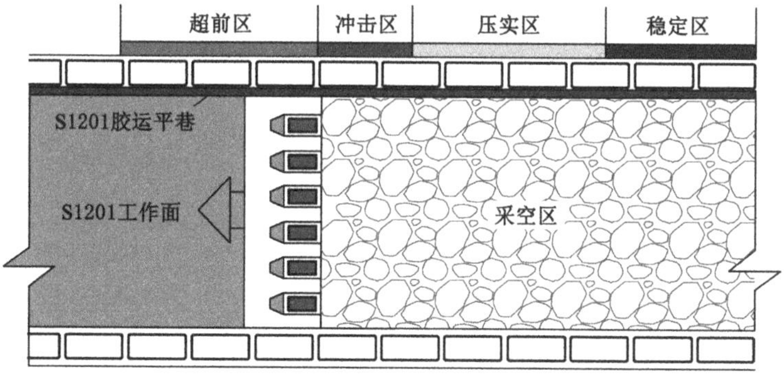

图 2-12　碎石帮控制分区示意图

在实际工程中，针对以上四个区域，需要采用不同的措施进行控制。① 超前区切顶卸压预裂爆破控制。矸石尺寸不仅与顶板岩性有关，而且与预裂切顶效果关系很大，合理的切顶参数有助于降低冲击动载。通过修改切顶参数，可一定程度上控制顶板垮落速度和矸石尺寸。② 冲击区挡矸结构吸能控制。在该区域需要采用动压防冲结构进行挡矸支护，吸收碎胀矸石垮落过程中造成的冲击能量。③ 压实区让压结构控制。该区域常使用滑移式让位护帮挡矸结构进行支护，该结构由两节 U 型钢叠加而成，两节 U 型钢用卡缆衔接，纵向可实现相对滑移，滑移力大小通过调节卡缆预紧实现；U 型钢结构本身较工字钢结构具有更强的抗横向变形能力，两节 U 型钢叠加后更加增强了其整体抗弯性能，从而保证了巷道顶板作用力始终沿轴向。

3　110 工法综合效益分析

对于煤炭企业而言，采煤方法的选择与装备、材料、投资、工期等密切相关，同时也关系着生产安全。与传统长壁开采方法相比，110 工法不仅在工程安全上具有重要价值，而且在成本和效益方面也存在明显优势。本章主要介绍了外部性理论、完全成本理论和可持续发展理论，并从经济效益、社会效益和生态效益三方面分析 110 工法的综合效益。

3.1　理论基础

3.1.1　外部性理论

外部性理论又称外部成本、外部效应或溢出效应。根据不同经济学家对外部性的定义，外部性的概念可理解为一种人为消费或生产领域的经济行为对另一项消费或生产领域的经济主体产生的不能通过市场价格反映的直接外部影响，通常表现为私人利益与社会利益的权衡博弈。当社会利益大于私人利益时通常表现为正外部性（外部经济），反之表现为负外部性（外部不经济）[76]。

对煤炭开采行业来说，煤炭开发行为直接以破坏土地、水等自然资源以及植被、景观等环境要素为代价，间接影响人类的生存环境和生产活动，且由于地质条件复杂、作业环境恶劣，容易发生安全事故。因此，煤炭开发的负外部性主要指煤炭开发的既得利益者在开发、转换、运输和利用煤炭资源的过程中，对生态环境和社会造成的额外的经济损失，这种损失成本远远大于企业支付的成本，导致外部不经济。这些负外部性通常是隐性的,常常被忽视。Fatah[77]和Jblignaut[78]通过研究发现,煤炭开采业会对矿工及矿区居民的生命安全和身心健康以及生态环境造成严重危害和破坏,且这种危害和破坏的成本远远超出煤炭开采的成本,而且没有被计算到产业成本之中。大规模开采虽然会给企业带来更大的经济利益,但是也会带来更多的环境和社会问题。在中国,煤炭是具有高外部性而又廉价的能源,煤炭开采与利用导致一系列环境问题,包括地表沉降、水资源破坏和污染、大气污染、固体废弃物污染和酸雨等,严重影响环境质量。另外,煤炭开采和运输过程中产生的粉尘、细小颗粒物等很容易进入人体肺部而诱发疾病,煤炭生产过程中还有可能发生安全生产事故,造成高额的社会成本[79]。如果不进行煤炭技术革命,以煤炭为主要能源的我国将要承受由于能源消耗增长引起的长久的负外部性。

总之,煤炭资源开发的负外部性主要体现在资源浪费、环境破坏及生产安全和身心健康损害这几个方面[80],如图3-1所示。

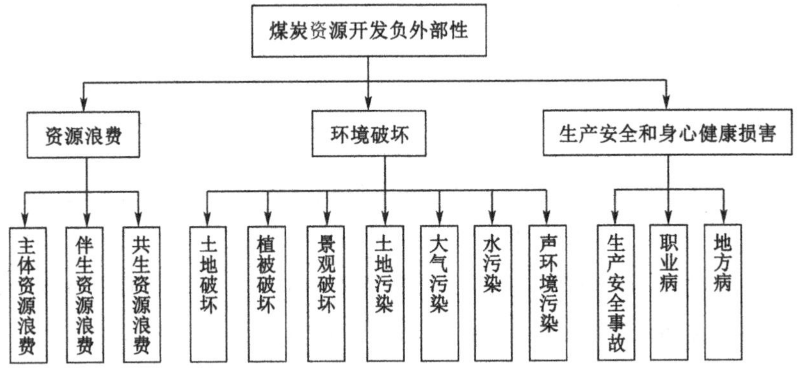

图3-1 煤炭资源开发负外部性

3.1.2 完全成本理论

由于煤炭资源开采行为本身的特殊性,导致其成本也存在一定的特殊性:① 煤炭开采行为以获取自然资源为目的,所用的原材料是辅助性材料,不直接转化成最终产品,而是以价值的形式转移到最终产品的实体中。煤炭成本受地质条件和煤层本身赋存情况的影响比较大,所花费的辅助性费用比较高。② 开采行为需要消耗大量的劳动力和辅助性的机械设备，同时开采安全威胁大，因此人员设备和安全方面的投入对总成本的影响比较大。③ 考虑煤炭建设项目的全生命周期，还需要花费勘查费用、伴生污染物的弃置费用、环境恢复治理费用等。因此，对煤炭企业成本的影响因素涉及自然地理、经济社会、生态环境等方方面面，复杂多样。

与国外煤炭行业实行的完全成本相比，我国煤炭开采行业目前的成本体系中并没有反映资源的价值，没有明确的安全成本方面的规定，环境治理方面的投入也严重不足。而要实现科学采矿，必须实现煤炭完全成本化，从科学开采的角度和煤炭建设项目的全生命周期进行全方位的成本分析，并最终纳入成本核算中。国内学者也一直致力于寻找如何解决这一问题的方法，不断挖掘和完善煤炭建设项目的完全成本。高殿军[81]从可持续的角度定义煤炭的完全成本应当包括地质勘探成本、资源成本、环境成本、发展成本、安全成本以及退出成本等；姜伟[82]从外部性角度提出煤炭的完全成本应当包括生产成本、资源成本、环境成本、安全成本以及可持续发展成本；赵海龙[83]从煤炭企业的角度提出煤炭的完全成本要受到资源成本、生产成本、安全成本和环境成本的影响。因此，总结国内外专家的经验，煤炭的完全成本可定义如下：

$$C_T = C_P + C_S + C_E + C_R \tag{3-1}$$

式中　C_T——煤炭企业总成本；

C_P——煤炭企业生产总成本；

C_S——煤炭企业社会总成本；

C_E——煤炭企业环境总成本；

C_R——煤炭企业资源总成本。

完全成本的实现不仅为科学采矿提供经济基础[84]，还会加强人类在节约资源和保护环境方面的主观能动性，有利于建立资源节约型和环境友好型社会。但是，完全成本中有相当一部分费用难以评估，且随着社会的进步和煤炭资源的日益减少，社会成本、环境成本和资源成本将会越来越高，完全成本的推行会面临极大的阻力。因此，应该在实现完全成本为基础上，践行科技兴安理念，通过持续的技术创新来提高资源回采率、降低伤亡率、减少环境破坏等，进而减少这部分费用的支出。实现煤炭行业逐步从粗放式生产向集约式生产发展、从资源密集型向技术密集型产业发展，从劳动密集型产业向知识密集型产业发展，从机械化生产向智能化生产发展。

3.1.3 可持续发展理论

可持续发展概念由挪威前首相布伦特兰 1987 年在《我们共同的未来》报告中第一次正式提出，是一种“既能满足当代人的需要，又不对后代人满足其需要的能力构成危害的发展”的模式[85]。经济发展是推动社会发展不可或缺的动力，但如果一味地以破坏生态环境为代价来追求经济利润最大化，短期内会使经济得到快速发展，但是当经济和社会的发展超过资源和环境的自然承载能力时，就会抑制经济和社会发展，对人类自身造成更大的伤害。可持续发展并不是以否认经济发展为前提，而是以自然资源为基础，以提高生活质量为目标，形成同环境承载能力相协调和社会进步相适应的发展模式，实质上追寻的是一种经济、社会和生态之间的协调平衡发展，注重培育新的经济增长点。

煤炭是依靠巨大自然力形成的，无须加工即可直接获取，相对其价值来说开采和利用成本低廉，使煤炭行业产生诸多与市场经济规律不相适应的问题。另外，煤炭开采，尤其是传统垮落法开采具有很强的负外部性，不仅会破坏现有环境和资源，而且会损害后代的权利。随着科学发展观的提出和五位一体总体布局的战略实施，必须实现煤炭行业的可持续发展，改变过去依靠速度和数量的粗放型发展，树立科学开采理念[86]。不仅要依靠国家出台相关政策加大煤炭开发利用的环境成本和社会成本，实行完全成本开采，更要不断创新，依靠技术手段实现经济、绿色、安全、高效的开采，形成主动化的可持续发展模式，在保证安全和生态平衡的同时发挥煤炭产业的经济支柱作用，全面提升煤炭行业发展的可持续化水平[87]。

3.2 110 工法经济效益分析

经济效益是指经济生产活动中所耗费的劳动(包括活劳动和物化劳动)与所取得的使用价值之间直接表现出来的投入与产出的关系[88],一般通过以同等或尽量少的劳动耗费取得更多或尽量多的经营成果方式实现。换言之,经济效益就是劳动耗费和经营成果两者交换之后所获得的社会劳动节约。对于煤炭企业来说,就是能够用较小的生产成本获得较大的煤炭产量。

110 工法具有两大特点:其一是可以取消区段煤柱,增加煤炭采出率,提高煤炭产量,为企业带来收益;其二是少掘 1 条回采巷道,有效降低了开采成本。例如,禾草沟二矿采用 110 工法留巷,每延米可节约综合成本约为 2 200 元,其中直接人工费约为 268 元、直接材料费约为 814 元、直接机械设备费约为 1 033 元。另外,110 工法留巷无须使用综掘机等大型机械设备,可有效减少设备折旧及电费的支出。例如,禾草沟二矿采用 110 工法后减少使用的设备主要有 EBZ-160 型综掘机、SSJ-800 型带式输送机,以及需要 24 h 运转的 FBD-№7. 1/2×30kW 型局部通风机,经实测,可综合节省的电费达 600～700 元/m。其他处于中原地区的大型矿井平巷掘进所需设备功率远大于禾草沟二矿,因此可综合节省的费用更多。同时,留巷工艺相对于掘巷来说操作简单,需要的工人数量远小于掘巷,可减少采掘工作面在籍员工数量。禾草沟二矿原来 1 个掘进工作面每班不少于 12 人,现在平均只需 6 人,降低了 50%的从业人员安全风险,符合科技兴安理念。

综上,采用 110 工法能够有效降低生产成本,减少人力投入和掘进设备的折旧,以及系统内电费的投入。又考虑到煤炭企业的长远发展,需选取考虑资金时间价值的财务指标作为企业决策的参考。因此,选取如表 3-1 所列的技术经济指标对禾草沟二矿采用 110 工法前后的经济效益进行对比分析。

表 3-1　技术经济指标对比

序号	指标名称	传统开采方法	110 工法
1	动态投资回收期/a	7.98	3.11
2	财务净现值/万元	1 093.28	12 044.92
3	财务内部收益率/%	16.52	18.00
4	年平均销售收入/万元	13 290.00	14 734.42
5	年平均销售税金及附和/万元	2 471.09	2 755.34
6	年平均总成本/万元	5 608.18	4 026.88
7	年平均税前利润总额/万元	5 944.30	10 481.60
8	年平均所得税额/万元	1 947.00	2 620.40
9	年平均税后利润/万元	3 997.30	7 861.20

由表 3-1 可知，采用 110 工法后企业的年平均总成本下降，年平均销售收入增加，且财务净现值和财务内部收益率都有所增长，动态投资回收期缩短，可以为企业直接快速地带来良好的经济效益。

3.3　110 工法社会效益分析

社会效益又叫外部间接经济效益，针对科学领域是指科学研究成果对社会的科技、政治、文化、生态、环境等方面所做出或可能做出的贡献，具有宏观性、间接效益多、多目标性、定量难、长期性等特点。煤炭建设项目全生命周期主要利益相关者如图 3-2 所示。其中关键利益相关者主要有煤矿工人、政府和煤炭企业。因此，本书从这三个角度来分析 110 工法的社会效益。

3.3.1　煤矿工人角度

煤炭开采业是高危行业，安全需求是煤矿工人的最大需求。2000—2018 年我国煤矿百万吨死亡率逐年降低[89-90]，从 6.096 下降到 0.093，如

图 3-3 所示。尽管如此，2018 年我国煤炭系统牺牲了 333 人；2019 年上半年全国煤炭企业共发生各类事故 57 起，伤亡 161 人，其中死亡 117 人、受伤 44 人。因此，煤炭资源开采过程中的安全问题仍然严峻，仍威胁着广大职工的生命财产安全。

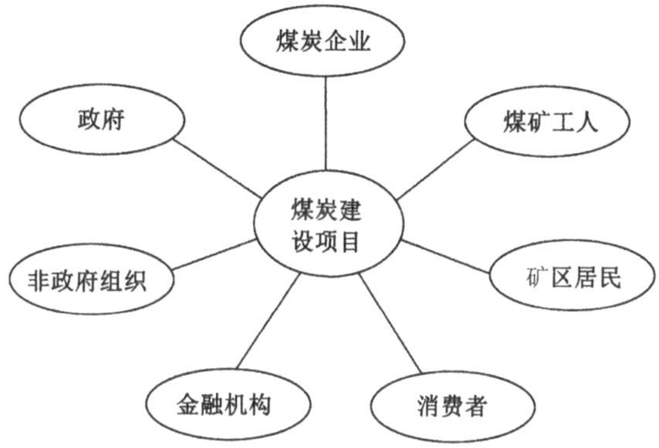

图 3-2 煤炭建设项目全生命周期主要利益相关者

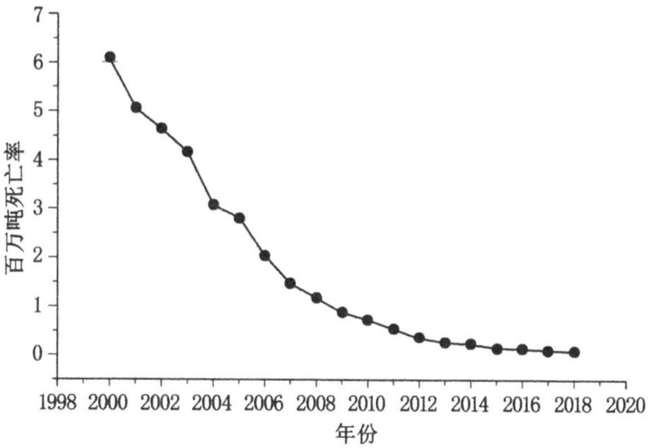

图 3-3 2000—2018 年我国煤矿百万吨死亡率

根据统计结果，煤矿安全生产事故类型主要包括顶板、瓦斯突出、运输、机电、爆破、水害等[91]。根据蒋星星等[92]的统计，2013—2017 年全国煤矿安全事故成因占比如图 3-4 所示。

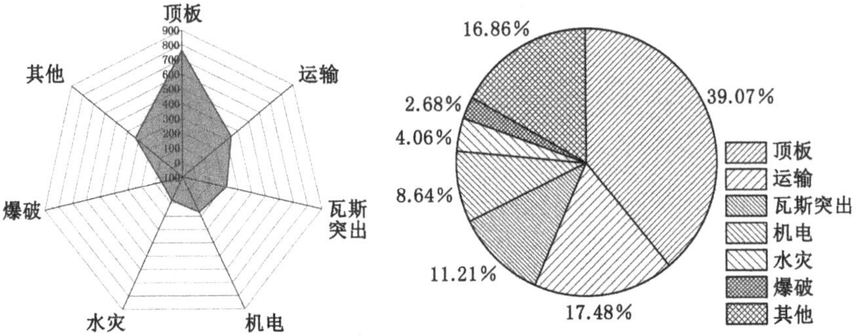

(a) 事故发生起数　　(b) 事故类型占比

图 3-4　煤矿安全事故成因占比

发生次数最多的三种事故类型依次是顶板事故、运输事故和瓦斯突出事故，占比分别约为 39.07%、17.48%和 11.21%，因此技术改革势在必行。110 工法在减少顶板事故和掘进过程中的瓦斯突出事故方面具有明显的优势。

首先，可通过取消区段煤柱和切顶卸压技术减少由于应力集中、支护破碎等造成的顶板事故。图 3-5 和图 3-6 所示分别为常规开采和 110 工法开采的技术原理，由图可知：常规开采技术下，煤柱和巷道顶板处于应力增高区，巷道易发生煤壁片帮和冒顶事故；而采用 110 工法时，切顶卸压技术通过将巷道顶板与采空区顶板分离开，彻底切断顶板岩梁间的应力传递途径，使得之前因留设煤柱/岩柱形成的采空区侧松散三角空区消失，新形成的巷道处于矿山压力卸压区，不再受高应力环境的威胁，保证

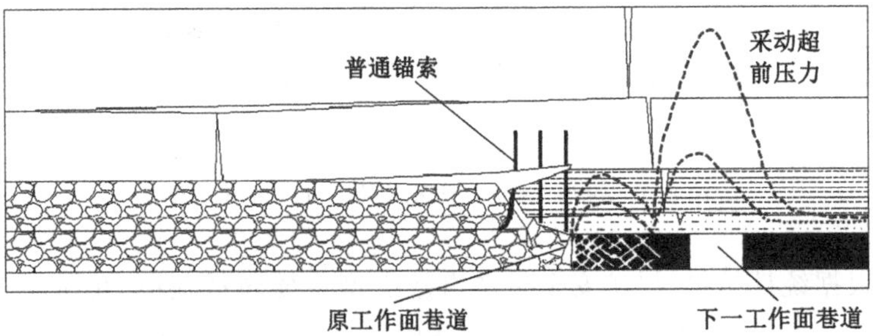

图 3-5　常规开采技术原理图

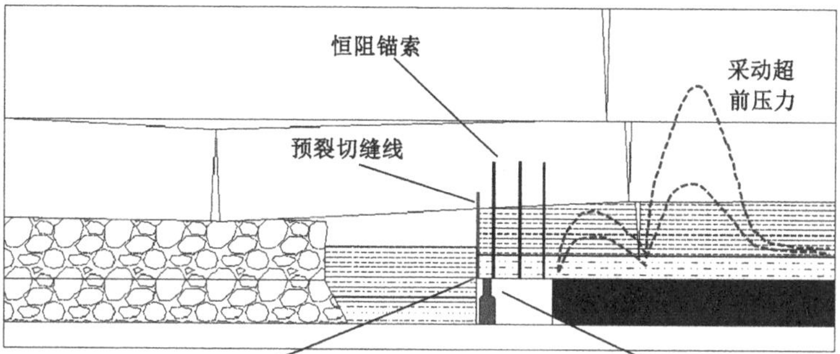

图3-6 110工法开采技术原理图

了巷道稳定，从根本上避免了巷道灾害事故的发生。

其次，110工法使工作面构成Y型通风系统，有效地解决了U型通风系统存在的上隅角瓦斯积聚的问题，从而减少瓦斯浓度过高导致的瓦斯爆炸、瓦斯窒息等事故的发生。

再次，110工法相对于传统开采方法，其工人劳动强度低，生产安全程度较高。掘巷前需要做足前期准备工作，对煤层构造、水文地质、瓦斯涌出量等进行勘察并制定相关的方案，而且掘进时由于前方情况是未知的，会遇到各种问题，需要边掘进边处理突发情况，导致劳动强度较大等问题。采用110工法时只需要掘1条回采巷道，另外1条回采巷道在原有巷道基础上通过切顶卸压自动形成。

最后，110工法可降低粉尘对煤矿工人的影响。煤炭开采无论是炮掘还是机掘，都会产生大量的粉尘。110工法通风系统采用的是"两进一回"的通风方式，所有施工工序都在进风巷道内实施，避免了从业人员直接接触粉尘的工作环境，降低了尘肺病等疾病的发病率。

3.3.2 政府角度

政府部门对煤炭企业具有指导、监督的作用，政府部门可根据当地经济发展情况制定相关政策来指导和监督煤炭建设项目的开发，使其更加规范和可持续发展。政府关心的社会问题主要是煤炭建设项目是否能够为国家提供更多的税收，是否能够带动当地和国家的经济发展，以及是否损害公众的利益、影响公众的生产和生活等。通过分析可知，相对于传统开采方法，110 工法不仅能够降本、增产、增效，带动产业进步和区域的经济发展，而且能够有效减少对当地土地、水等自然资源和植被等的破坏，减小环境污染和破坏给矿区居民生产和生活带来的影响，降低社会和政府在灾害治理方面的投人。

另外，由于煤炭开采行业的特殊性，生产人员一般为一个家庭的主要劳动力，施工安全性的提高不仅关系到煤矿工人自身的生命安全，也关系到矿工整个家庭的幸福，关系到社会的稳定。因此，110 工法通过减少环境破坏和提高施工安全性，也可以间接地提高整个职工家庭的生活幸福度和社会的稳定性。

3.3.3 煤炭企业角度

从煤炭企业来说，传统的煤炭开采方式施工工序复杂，生产效率低，严重影响了煤矿企业的经济效益。从全球来看，我国煤炭平均生产效率远低于世界上主要采煤国家，仅占美国、澳大利亚的约 1/10[93]。制约煤炭企业生产效率的因素除了资源开采条件等客观因素外，最主要的还是管理水平和技术水平。110 工法通过减少巷道掘进、引进先进设备、改变支护方式和爆破方式等手段，有效缩短了工作面的形成时间，减少了人力、物力的浪费，改变了以往费时又费工的状态，提升了施工效率。

另外，110 工法可以有效提高施工安全性，减少人员伤亡，所以可以减少由于安全事故造成的损失费用。由于安全事故具有突发性和不可预测性，这部分成本难以进行准确估算，但是一旦发生事故，损失巨大。

3.4 110 工法生态效益分析

生态效益是指人类的生产活动创造的经济效益与消耗的资源和产生的环境影响之间的比值，是经济和生态之间的一种权衡。在可持续发展理念下，人类的社会生产和再生产活动应该以经济和生态的协调统一发展为目标，提高经济效益的同时保护资源和环境，最大限度地发挥生态系统对人类生产和生活条件的有利影响。通常情况下，生态效益可从资源效益和环境效益两个方面来理解。从资源本身来说，自然资源是生态环境的一部分，一般可以直接当作生产要素，并在市场条件下形成一定的市场价格。生态效益主要侧重于作为生产要素的价值，主要考虑综合利用、节约效益；而从环境角度，生态效益则更侧重于其生态服务价值。

目前，煤炭资源开采行为存在很强的生态负外部性，会对生态环境造成巨大的影响[80,94]，主要体现在资源浪费、环境污染、环境破坏这几方面，如表 3-2 所列。

表 3-2　煤炭资源开发的生态负外部性及来源

生态负外部性		来源
资源浪费		回采率低下，造成煤炭资源本身的浪费
环境污染	大气污染	主要包括粉尘污染以及来自煤矸石自燃、汽车尾气、生活燃煤等产生的 SO_2、NO_2 等污染
	固体废弃物污染	主要包括煤矸石及生活垃圾
	水污染	生产和生活中产生的大量废水和具有腐蚀性的污水会污染破坏周围的地表水；煤矸石中的有毒元素经降水淋溶后会转人径流，严重污染地下水资源
	噪声污染	主要来自工业生产中交通和设备操作带来的巨大噪声
环境破坏	土地破坏	煤柱留设会使土地不均匀沉降，导致地表出现大量裂缝和大面积的塌陷，进而引发山体滑坡和水土流失等一系列地质灾害；煤矸石排放量大，会占用大量土地，同时煤矸石中的有毒元素会渗透并污染土地资源
	景观破坏	土地的破坏会造成地表植被和当地生物多样性的破坏，进而影响当地景观和人们的正常生产生活

110 工法能够有效借助矿山压力，通过切顶卸压技术自动形成巷道，在无须留设煤柱的同时，减少由于掘进产生的矸石排放量大、地表沉陷严重等环境问题，从而带来显著的资源和环境效益。因此，本书从内部资源效益和外部环境效益两方面来分析 110 工法的生态效益。

3.4.1 110 工法内部资源效益

提高煤炭回采率是 110 工法的显著优势之一。传统开采方法需要留设煤柱，煤柱宽度一般为 10～20 m，直接降低了矿井的回采率。据统计，我国煤矿平均采区回采率约为 80%[95]，矿井采出率约为 50%，远低于世界先进水平。全国煤柱损失达 34 亿 t/a，价值 2 万亿元。因此，为了煤炭行业和经济的持续健康发展，提高回采率成为煤炭行业发展的重中之重。煤炭企业需要在保证安全的前提下最大限度地提高回采率，避免资源浪费。根据《中国能源发展报告 2019》数据计算，若 2019 年全国的煤炭平均回采率提高 1%，就可以少丢弃煤炭约 3 600 万 t[96]。

110 工法开采通过直接取消区段煤柱，每采 1 个工作面比传统开采方法多回收 1 条煤柱，从源头上减少了煤炭资源的浪费，提高了资源回采率。据不完全统计，目前 110 工法已在全国 500 多个工作面推广应用，累计成巷 60 余万米，回收煤柱资源 4 000 余万吨，取得了较好的技术经济效果。通过对采用 110 工法的煤炭企业的统计和分析可以看出，推行切顶卸压沿空留巷无煤柱 110 工法，与采用留煤柱护巷相比，一般可提高回采率 10%～20%。因此采用 110 工法后，全国可少丢弃煤炭 3.6 亿～7.2 亿 t，对于资源节约和宏观经济的发展都具有很重要的意义。

采用 110 工法每年可以多回收的煤炭产量 ΔW 可通过下式进行计算：

$$\Delta W = aLm\rho K_W \tag{3-2}$$

式中 a——区段煤柱宽度，m；

L——全年所有无煤柱开采工作面的推进总长度，m；

m——煤层平均厚度，m；

ρ——煤的平均密度，t/m^3；

K_W——煤柱采出系数。

多回收的煤柱资源可以为企业带来的经济收益 E_Z 为：

$$E_Z = \Delta WP \tag{3-3}$$

式中 P——煤炭销售价格，元/t。

每年可以为国家节省的资金 I 为：

$$I=\Delta W(I_j+P-C_R) \tag{3-4}$$

式中　I_j——建井总投资，元/t；

P——销售价格，元/t；

C_R——原煤成本，元/t。

根据实际情况计算得出，禾草沟二矿每年可以多采出的煤炭产量约为 4.66 万 t，可以为企业带来的经济效益为 2 889.2 万元，可以为国家节省的投资额为 5 675 万元。

3.4.2　110 工法外部环境效益

针对表 3-2 所述的环境问题，本书从减少地表裂缝和塌陷、减少煤矸石排放量、减少对地下水资源的破坏和水环境的污染等方面对 110 工法的外部环境效益进行分析。

3.4.2.1　减少地表裂缝和塌陷

煤炭开采行为容易改变地质结构，对土地造成极大的破坏。在传统开采方式下，如示意图 3-7(a)所示，煤炭采出后，由于下方失去支撑，上覆岩层失去平衡，发生自由垮落，形成大面积的无支撑采空区，破坏采空区上方岩体结构，出现裂隙带和弯曲带，裂隙量和碎胀量未知，无法使沉降量、裂隙量、碎胀量之和与采矿量达到平衡，最终导致地表土地出现裂缝和不均匀塌陷，破坏原有土地的使用价值。据统计，全国每年由于开采煤炭而造成的土地塌陷面积达 2 万 hm^2 左右，平均每采出 1 万 t 煤，就会造成 0.2 万 m^2 以上的地表发生沉陷。目前全国已有的由于煤炭开采导致的沉陷地面积已达 45 亿 m^2[97]，地表裂缝更是遍布矿区。

采用 110 工法时，110 工法“上三带”分布示意如图 3-7(b)所示，通过预裂切缝技术可以最大限度地利用切落岩体的自身碎胀特性，使采矿量和碎胀量达到平衡，切落的矸石充满采空区，起到对上覆岩梁的支撑作用，减小地层结构的变化，进而有效减少地表裂缝和塌陷。

根据禾草沟二矿实测结果，采用传统开采方法时地表破坏严重，工作面上方每隔 8～10 m 就会发生地表塌陷，产生裂缝，塌陷深度为 50～

60 cm，裂缝宽度为 20～25 cm，如图 3-8(a)所示。而采用 110 工法时，无地表塌陷，地表裂缝间隔 50～70 m，裂缝宽度只有 3～7 mm，如图 3-8(b)所示。

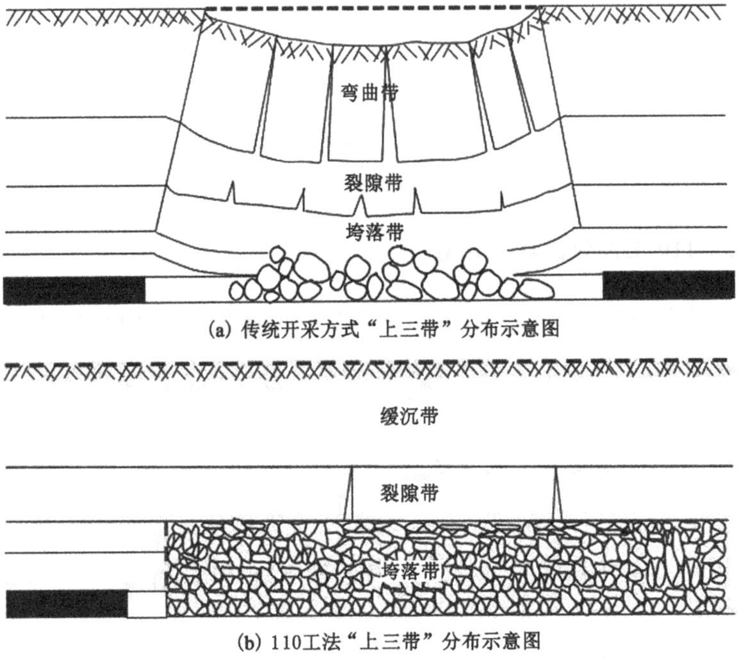

图 3-7　地表塌陷示意图

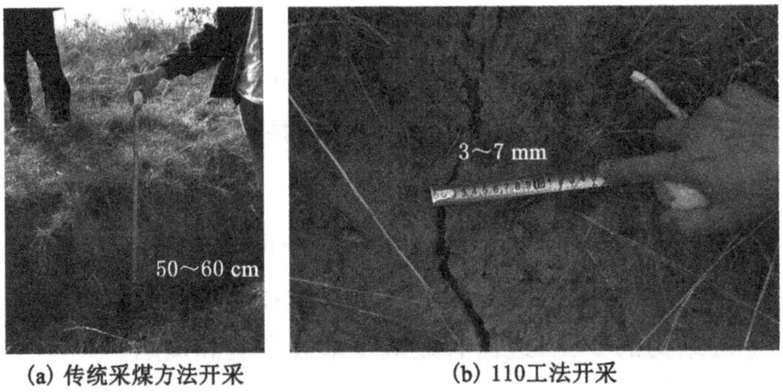

图 3-8　不同开采方法工作面上方地表破坏情况现场实测

3.4.2.2　减少煤矸石排放量

煤矸石是煤炭开采过程中最重要的固体污染物，本身容易发生自燃，产生有毒气体，运输过程中和经过风化后还会产生大量的扬尘，都会对环境和空气造成污染，影响矿区居民正常生活，提升居民患病率[98]。另外，煤矸石需要特定的存放场所，占用土地面积。我国累计堆放的煤矸石约45 亿 t，且每年仍以 1.5 亿～2.0 亿 t 的速度增加[99]。

煤矸石主要来源于三个方面：井筒岩石巷道掘进排出的煤矸石、采煤过程中挑选出的煤矸石、选煤厂分选出的煤矸石。从采、掘两个方面来讲，掘进量、回采时的支护方式及采空区的处理（挡矸措施）都会影响煤矸石量的大小，煤层越薄掘进产生的煤矸石量相对来说就越大。采用 110 工法可以少掘进 1 条回采巷道，且挡矸措施完备，因此可以有效减少煤矸石排放量，进而减少煤矸石分选和运输过程中对设备的磨损，为企业节约煤矸石处理费用，同时减少由于煤矸石而带来的一系列环境问题。对于禾草沟二号煤矿当前的地质条件而言，每掘进 1 m 巷道会产生约 25 t 煤矸石，按照矿井每年留巷 2 200 m 计算，每年可减少 5.5 万 t 的煤矸石排出量，同时也延长了矸石场的堆放服务年限。

3.4.2.3　减少对地下水资源的破坏和对水环境的污染

煤炭资源与地下水有共生、伴生的紧密关系，地下煤层的开采会使围岩产生变形和移动，并在采空区顶底板岩层中产生大量的导水裂隙，破坏地下水资源的原生态，改变煤层上覆和下伏含水层中的地下水赋存、运移条件，诱发煤层顶底板涌（突）水，将优质地下水转变成矿坑废污水，破坏宝贵的地下水资源及其使用价值[100]。同时地表沉陷会引起地表坡度发生变化，导致地表水系发生变化，潜水含水层中的地下水变成地表水并裸露于地表，不再受原有地质条件的保护，最终遭受到来自自然和人为的各方面的污染。另外，煤矸石等固体废弃物的长期裸露堆放，会使其含有的有毒有害成分进入淋溶液，污染地表水体或向地下渗透污染浅层地下水资源。110 工法可以通过切顶卸压技术利用岩石垮落膨胀系数，煤层顶板上覆岩层缓慢下沉，降低了因采动工作面初次来压和周期来压对煤层上覆岩层的破坏，使采空区上方形成的垮落带和裂缝带高度比较小，控制顶板岩层的运动，减小导水裂缝带的高度，从而实现保水开采。充填采空区相当于减小了煤层开采厚度，从而减轻了上覆岩层运动，有效抑制了煤层顶底板变形和破坏，从而避免或减少突水事故的发生。另外，110 工法也可以减少地表塌陷和煤矸石排放量，因此可以减少地质结构变化和煤矸石对水资源的破坏和污染。

通过上述分析，从煤炭企业经济效益角度考虑，110 工法的资源节约性和环境友好性可以为企业节约煤矸石处理费用和生态补偿性费用的支出。生态补偿性费用[97,101-104]是为了提高煤炭开采过程中给生态系统和自然资源造成的破坏及环境污染、恢复治理等一系列外部不经济的社会行为的成本，进而对破坏的环境进行保护、修复等所收取的费用。生态补偿性费用主要包括三个部分，如表 3-3 所列。

表 3-3　生态补偿性费用

序号	费用名称	说明
1	土地塌陷补偿费用	传统的煤炭开采方法造成土地大面积塌陷，破坏土地结构，影响其利用价值，土地塌陷补偿即弥补这部分损失而进行的补偿。因此，土地塌陷补偿费用在计算时应当考虑地表生态修复费用和耕地补偿费用两个方面。耕地补偿费用一般包括土地补偿费用、居民安置费用和青苗补偿费用。另外，土地塌陷之后会间接破坏地表植被的原生态，导致水土流失等灾害的发生，因此这部分还应该包括水土流失损耗补偿费用
2	水资源破坏损耗补偿费用	土地结构的变化会造成地下水资源的破坏，影响当地的生产生活用水，水资源破坏损耗补偿即弥补该部分损失而进行的补偿
3	固体废弃物污染补偿费用	本书主要考虑的固体废弃物为煤矸石，煤矸石对生态环境造成的污染主要考虑大气污染和水土污染两部分。大气污染主要来源于汽车运输过程中产生的扬尘及排放的尾气、煤矸石自燃所产生的含硫化合物、含氮化合物以及含碳化合物等有害气体等。水土污染主要是指煤矸石经过降雨淋溶后有毒元素融入地表径流或者渗入地下，对水土造成污染。110 工法主要通过减少煤矸石排放量来减少对矿区周围大气和水土的污染，从而减少相应补偿费用

例如，禾草沟二矿采用 110 工法后，节约煤矸石处理费用 6.391 6 元/t、土地塌陷补偿费用 10.55 元/t、水资源破坏补偿费用

14.625 元/t、水土污染补偿费用 0.378 3 元/t、固体废弃物污染补偿费用 0.378 3 元/t。综上，禾草沟二矿采用 110 工法后节约的生态补偿性费用总计约为 25.553 3 元/t，外部效益较好。

4 110 工法综合效益评价指标体系构建

经过前述分析，110 工法在经济效益、社会效益和生态效益上均具备明显优势，本章基于以上结果，从宏观效益和微观效益方面，构建包含经济、社会和生态三个方面的评价指标体系，为后续定量评价 110 工法综合效益提供理论基础。

4.1 110 工法综合效益评价指标筛选原则

为了确保所建立指标体系的客观性和科学性，在选取指标时遵循以下几个原则，简称 SMART 原则。

(1) 明确性原则(specific)：这里的明确性原则主要指目的的明确性，所建立的指标体系应该不偏离综合效益评价这个核心，为综合效益评价奠定基础。

(2) 可度量性原则(measurable)：主要侧重于指标的可操作性和可比性，不仅需要保证所建立的指标可通过现场实测或者数据查阅等方法获取数据支持，而且需要保证所选指标在进行综合评价时能够有相关的评价标准，使之在进行评价时有所依据。

(3) 易得到性原则(attainable)：指所选指标不仅应当具有科学性，而且应该在全面性的基础上考虑其是否贴合实际，容易获取。

(4) 相关性原则(relevant)：指在不违背独立性的基础上，保证所获取的各指标间应当具有内在逻辑相关性，整体上是一个系统，既简明又全面，有效提高综合效益评价的准确性和科学性。

(5) 可跟踪性原则(trackable)：110 工法的综合效益的评估应当是持

久的、动态的，因此所选评价指标应当是便于追溯和控制的，适应实际情况的变化。

4.2 综合效益评价指标筛选与体系构建

4.2.1 经济效益评价指标

从项目投入和企业盈利能力两个方面来衡量110工法的经济效益，具体指标选取如下。

4.2.1.1 项目投入

效益和成本之间具有对称性，放弃的效益就是成本，而避免的成本就是效益。在经济学中，经济成本是一种计量经济实体所使用全部资源的总成本，不仅包括可以直接以货币计量的、可以反映在会计账目上的显性成本，还包括在经济活动中不能以货币形式支付的隐性成本，比如时间、资本、机会成本等[105]。再结合完全成本理论，对于煤炭工程而言，影响其成本的因素不仅包括项目在人力、物力和财力方面的投入大小等显性因素，还包括项目工期、项目投资回收期以及由于开采行为而对自然资源和环境造成破坏和污染所产生的成本等隐性因素。两种因素的增加和减少都会对煤炭企业的经济效益产生一定的影响。煤炭开采方法的选择关系到施工材料、设备等的选择，涉及项目投资成本的高低、项目工期的长短、对资源浪费程度的大小及对环境破坏和污染程度的大小。因此本书选取资金投入、人力投入和时间投入三个具体指标来衡量项目投入的大小。

(1) 资金投入

资金投入主要考量直接生产投入以及为补偿社会和生态而发生的费用，反映110工法是否能够为煤矿企业节约在物力和财力方面的投入，减轻企业的资金压力。

(2) 人力投入

煤炭开采行业属于高危行业，不能成为人类就业的容纳所，其发展的方向应当是无人化的智能化生产。人力投入的大小不仅反映110工法是否可以减少从业人员入井，符合国家发展要求，而且可以体现110工法的技术先进性。

(3) 时间投入

时间投入主要是用来衡量110工法是否能够有效缓解采掘失调。合理的采掘接续关系可以使企业减少不必要的时间浪费，节约工期，是保证企业实现经济效益的关键。采用传统开采方法时，工程量一定，为保证工期，采掘接续关系的合理与否取决于巷道的掘进速度。巷道掘进速度慢，准备巷道不能按时就绪，采煤工作面就无法按时开采，将推迟整个矿井的出煤时间，导致矿井的生产能力下降，建井的投资回收期延长，增加企业的财务压力，最终直接影响矿井的经济效益[106]。采用110工法开采1个工作面只需要掘进1条回采巷道，另一条巷道通过切顶卸压自动形成，从源头上直接减少50%左右的掘进工程量，降低掘进工作的难度，可以在保持原掘进速度的基础上，缩短工作面准备时间，节约工期。

4.2.1.2 盈利能力

为了反映110工法对企业可持续经营能力和发展能力的影响，本书选取部分盈利能力指标来衡量110工法的经济效益。通常按是否考虑资金的时间价值，将基于财务报表的盈利能力指标分为静态指标和动态指标。静态指标不考虑资金的时间价值，因此本书选取以下动态指标来衡量采用110工法企业的盈利能力。

(1) 财务净现值

财务净现值(FNPV)是指将项目计算期内各年的净现金流量，按照行业基准收益率(i_c)折算到项目建设初期之后的现值之和。FNPV>0时，说明项目有超额资金流入，该项目可行；反之，该项目不可行。方案比较时，哪种可选方案的净现值最高，其经济收益就最好。

$$\text{FNPV} = \sum_{t=0}^{n} \text{CF}_t (1 + i_c)^{-t} \tag{4-1}$$

其中 n——项目计算期；

CF_t——第t年的净现金流量；

i_c——行业基准收益率。

(2) 财务内部收益率

财务内部收益率(FIRR)是指在项目计算期内,某个节点的累计净现值之和为零时的折现率,反映企业的投资回收能力。当 FIRR$>i_c$ 时,说明项目的收益高于行业平均水平,项目可行;反之,项目不可行。该指标越大,说明企业的经济效益越好。

$$\sum_{t=0}^{n} CF_t(1+\text{FIRR})^{-t}=0 \tag{4-2}$$

计算内部收益率时,一般 i 是人为设定的折现率,用于试算财务净现值 FNPV。通过调整 i,找到使 FNPV 由正转负的临界点,此时 i 接近内部收益率。

(3) 动态投资回收期

动态投资回收期(P_t)指按照净现值计算得到的回收期,是最能体现货币时间价值的经济指标。当 P_t 小于或等于行业基准投资回收期时,说明项目资金能够及时收回,项目可行;反之,项目不可行。该指标越小,说明企业的资金利用率越高,资金周转速度越快,经济效益也就越好[107]。

$$\sum_{t=0}^{P_t} CF_t(1+i_c)^{-t}=0 \tag{4-3}$$

综上,本书选取的衡量 110 工法的经济效益指标如表 4-1 所列。

表 4-1　经济效益指标

准则层	子准则层	指标层
经济效益	项目投入	资金投入
		人力投入
		时间投入
	盈利能力	财务净现值
		财务内部收益率
		动态投资回收期

4.2.2 社会效益评价指标

根据第2章的分析，从技术角度说，110工法本身就具有良好的安全高效性、资源节约性和环境友好性，对企业和社会都具有重大的意义。为了更加全面客观地反映其带来的社会效益，本书从是否提高安全性和对社会的贡献度两个方面选取下列指标来衡量。

4.2.2.1 提高施工安全性

从煤矿资源开采的生产安全负外部性和煤矿安全事故的成因角度分析，衡量110工法在提高施工安全性方面的指标如下。

(1) 百万吨死亡率

该指标为逆向指标，是指每生产100万t煤炭牺牲的煤矿工人数，是衡量煤矿安全效益的重要指标。计算公式为：

$$百万吨死亡率=\frac{死亡人数}{实际产量}\times 10^6 \tag{4-4}$$

(2) 工作面瓦斯浓度

工作面瓦斯浓度是影响施工安全的一个重要因素，瓦斯浓度的提高会引起瓦斯爆炸、窒息等安全事故，因此选择该指标来衡量110工法在降低瓦斯浓度、提高施工安全性方面的作用。

(3) 职工尘肺病发病率

尘肺病是由于吸入矿物质粉尘引起的弥漫性肺纤维化疾病，特点是病程长、进展慢且不可逆转，严重危害工人的身体健康及生命安全，是我国主要的职业病之一。经统计，煤矿的尘肺病发病率最高，每年死于尘肺病的煤矿工人数是死于矿难人数的3倍[108]，严重制约经济的发展。该指标为逆向指标，是计算期内尘肺病发病人数与井下煤矿工人总人数的比值。考虑到尘肺病是长期性的、慢性的刺激导致的，一般形成这个病为5～10 a，所以为了统计结果更为准确，本书将计算期定为5 a，具体到禾草沟二矿，2015年该矿正式引入110工法，因此统计2015—2020年采用110工法矿区尘肺病的发病率。

4.2.2.2 促进社会进步

社会的进步体现在经济、技术和人民生活水平提升的方方面面，因此选择下列指标衡量110工法对社会的贡献程度。

(1) 推动区域经济发展

技术改革的主要目的之一就是推动经济的发展,110工法可以给企业带来巨大的经济效益,通过选取本指标来评价其在带动整个区域经济发展方面的作用。

(2) 改善职工生活

该指标可以从煤矿工人和政府两个角度综合反映110工法的社会效益,一项先进可行的开采技术可以为煤矿工人提供生命安全保障,不断提高职工收入水平,改善职工生活。

(3) 提高生产效率

效率是评价企业生产能力的重要指标,提高效率可以节约时间,优化资源配置,减少资源浪费和生产投入,进而为企业带来更大的利润。110工法通过减少巷道掘进量、改进支护手段等,缩短了工作面的形成时间,减少了人力、物力的浪费,提升了施工效率。该指标可以有效衡量110工法在降本增效方面的作用。

(4) 促进技术进步

技术创新是推动产业发展的根本动力。作为高危行业之一的煤炭开采业,必须践行科技兴安理念,通过不断的技术创新来提高矿区开采和治理的水平。110工法可有效提高资源开采效率和煤矿生产安全效益。该指标主要用来评价110工法的先进性及其对整个煤炭行业技术发展的促进作用。

综上,本书选取的衡量110工法的社会效益指标如表4-2所列。

表4-2 社会效益指标

准则层	子准则层	指标层
社会效益	提高施工安全性	百万吨死亡率
		工作面瓦斯浓度
		职工尘肺病发病率

表 4-2（续）

准则层	子准则层	指标层
社会效益	促进社会进步	推动区域经济发展
		改善职工生活
		提高生产效率
		促进技术进步

4.2.3 生态效益评价指标

从节约资源和保护环境两个角度选取下列指标对110工法的生态效益进行衡量。

4.2.3.1 节约资源

（1）采区回采率

$$采区回采率=\frac{采区采出煤量}{采区工业储量}\times 100\% \tag{4-5}$$

该指标可以反映开采造成的煤炭损失大小，衡量矿井设计的合理与否，是正向指标，越大越好，对于衡量110工法的生态效益具有重要意义[109]。

（2）矿井服务年限

矿井服务年限是指一个矿井从投产开始到开采完毕的全部时间。110工法可以减少煤柱资源的丢损，延长矿井的服务年限，减缓不可再生性煤炭资源的耗损。因此这一指标可以衡量110工法在节约资源方面的效益。

4.2.3.2 保护环境

（1）土地塌陷面积

土地塌陷面积的大小可以反映煤炭开采对地表结构的破坏程度。地表塌陷面积越小，说明采用110工法开采对地表的破坏程度越小。同时，土地塌陷面积的减少能够减少对地表植被的破坏和地表水土流失，减少地质灾害的发生。因此，该指标可以衡量110工法对生态环境和社会的友好性。

（2）水资源破坏程度

水资源是人类生存和社会经济发展的基础性资源，但我国人均可饮水量仅为世界人均占有量的1/4[110]，水资源不容浪费、不容破坏。为了实现煤炭资源和水资源的协调可持续性发展，必须将水资源保护作为煤炭开采方法选择的标准之一。

（3）煤矸石污染程度

该指标主要考察110工法是否减少了煤矸石排放量，进而减少煤矸石的自燃和堆放等对生态环境造成的污染。

综上，本书选取的衡量110工法的生态效益指标如表4-3所列。

表4-3　生态效益指标

准则层	子准则层	指标层
生态效益	节约资源	采区回采率
		矿井服务年限
	保护环境	土地塌陷面积
		水资源破坏程度
		煤矸石污染程度

4.2.4　综合效益评价指标体系构建

综上，经过上述筛选后，建立包含经济效益、社会效益、生态效益评价指标的综合效益评价指标体系，如图4-1所示。

在综合效益评价指标体系中，经济效益又细分为项目投入和盈利能力：项目投入方面涉及资金投入、人力投入和时间投入；盈利能力方面涉及财务净现值、财务内部收益率和动态投资回报率。社会效益又细分为提高施工安全性和促进社会进步两个方面：提高施工安全性主要涉及百

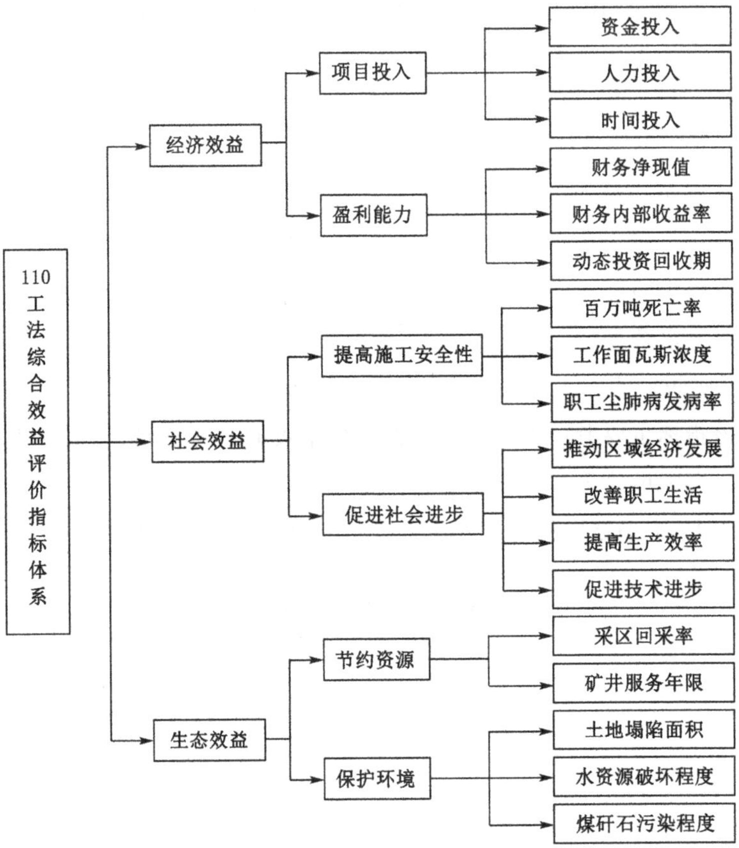

图 4-1　110 工法综合效益评价指标体系

万吨死亡率、工作面瓦斯浓度、职工尘肺病发病率；促进社会进步主要涉及推动区域经济发展、改善职工生活、提高生产效率和促进技术进步。生态效益方面又细分为节约资源和保护环境两方面：节约资源主要从采区回采率和矿井服务年限方面考虑；保护环境主要从土地塌陷面积、水资源破坏程度及煤矸石污染程度方面分析。

5　110 工法综合效益评价模型

相对于定性研究，定量研究对于科学研究和工程应用具有更为现实的价值。本章在第 4 章构建的综合效益评价指标体系的基础上，建立综合效益评价模型，将定性的问题定量化，旨在对各项指标和 110 工法的综合效益进行更加充分和客观的评价。

5.1　评价方法的选取

目前可进行综合评价的方法有很多，常用的有灰色模糊综合评判法、基于神经网络的模糊综合评判法、模糊聚类评价法等。本书所采取的评价方法是基于层次分析法（AHP）和可拓理论模糊综合评价法。

5.1.1　层次分析法

层次分析法的对象一般是比较复杂的、系统性的问题，可以将系统中相互联系的因素层次化、有序化。通过引入合适的标度请专家对每一层次的各因素进行两两比较判断，经过一致性检验后，给出各个指标的相对重要性的定量表示，可以有效地将定性描述定量化，使结果更加客观和合理化。因此，本书中主要采用层次分析法来确定指标的权重系数。

5.1.2　可拓理论模糊综合评价法

综合效益评价过程中存在很多的不确定性，主要包括两个方面：一是存在主观不确定性。采用德尔菲法识别综合效益评价指标，识别结果会受到专家主观经验的制约。二是综合评价问题本身就是存在模糊性的问题,不可能具备充分、完全的数据和信息,必然存在客观不确定性。而模糊评价是在模糊数学基础上形成的,在贫信息情况下评判模糊因素现象或事物的方法,将不易定量描述的因素定量化。因此,模糊综合评价模型具有较好的适用性,可以有效解决110工法综合效益评价过程中的模糊性和不确定性问题,使评价结果更加客观准确。

模糊评价过程中最重要的一步是隶属度的确定,在此引入可拓理论。可拓学是一门集系统学、数学等多学科于一身的交叉性学科,通过引入物元概念将事物本身及其特征和量值放到一个集合里,建立物元模型,通过建立关联函数实现对待评价物元定性和定量相结合的评判。因此,使用可拓理论可以更全面地确定各指标相对于各评语集的关联度,为指标体系隶属度矩阵的确定奠定基础,而且根据计算的关联度数值可以直接判断单个指标的评价结果。

综上,综合效益评价模型的构建需采用层次分析法和可拓理论模糊综合评价法相结合的方法。110工法的综合效益评估过程如图5-1所示。

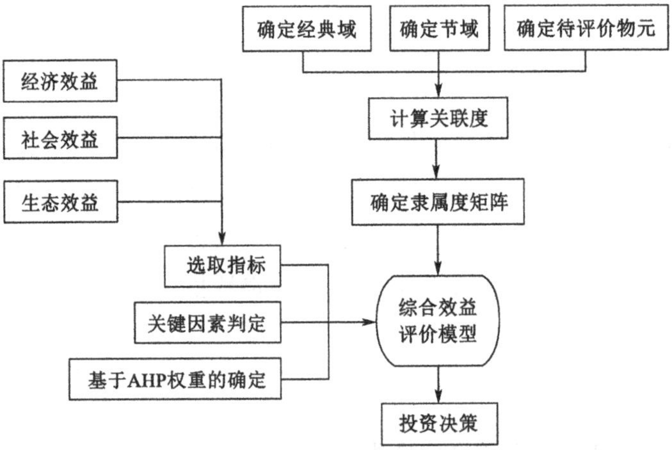

图5-1　110工法的综合效益评估过程

5.2 基于 AHP-可拓理论的 110 工法综合效益评价模型

构建基于 AHP 和可拓理论的 110 工法综合效益模糊评价模型的步骤如下[111-112]：

第一步：建立评价指标集。根据建立的评价指标体系，建立评价指标集 $U=\{u_1,u_2,\cdots,u_n\}$，其中 n 表示评价指标的个数，u_i 表示第 i 个评价指标($i=1,2,\cdots,n$)。

第二步：确定评语集。评语集是评估对象评价结果的集合，在此表示为 $V=\{v_1,v_2,\cdots,v_m\}$，其中 $v_j(j=1,2,\cdots,m)$为第 j 个评价等级。

第三步：利用 AHP 确定各个指标的权重。

(1) 构造判断矩阵。

构造判断矩阵的过程就是根据专家打分的结果将定性的描述变成定量结果的过程。通过相对尺度打分法邀请专家对同一层次的各因素之间进行两两比较(在此引用 1～9 标度法，如表 5-1 所列)，来反映该因素对上一层因素的相对重要程度，最后根据比较结果构造判断矩阵。

表 5-1 标度评分表

标度	定义
1	C_i 与 C_j 同样重要
3	C_i 比 C_j 稍微重要
5	C_i 比 C_j 重要
7	C_i 比 C_j 十分重要
9	C_i 比 C_j 绝对重要
2,4,6,8	相邻判断等级的中间值
倒数	C_i 与 C_j 的重要度比值 c_{ij}，其中 $c_{ji}=1/c_{ij}$

假设 C 是 B 的下一层级，$C_i(i=1,2,\cdots,n)$和 $C_j(j=1,2,\cdots,n)$是 B

层级中某元素 B_k 的两个下级指标，c_{ij} 表示 C_i 对 C_j 的相对重要程度，则需要构造如表 5-2 所列的判断矩阵。

表 5-2　判断矩阵

B_k	C_1	C_2	…	C_n
C_1	b_{11}	b_{12}	…	b_{1n}
C_2	b_{21}	b_{22}	…	b_{2n}
⋮	⋮	⋮	⋮	⋮
C_n	b_{n1}	b_{n2}	…	b_{nn}

其中的元素符合下面条件：

$$b_{ii}=1 \tag{5-1}$$

$$b_{ij}=\frac{1}{b_{ji}} \tag{5-2}$$

$$b_{ij}=\frac{b_{ik}}{b_{jk}} \tag{5-3}$$

该条件称为一致性条件，需要进行一致性检验。

(2) 层次单排序及一致性检验。

将判断矩阵 $\boldsymbol{P}$ 的每一列归一化，即：

$$\bar{b}_{ij} = \frac{b_{ij}}{\sum_{i=1}^{n} b_{ij}} \tag{5-4}$$

计算各指标权重，即：

$$\omega_i = \frac{M_i}{\sum_{i=1}^{n} M_i} \tag{5-5}$$

其中，$M_i = \sum_{j=1}^{n} \bar{b}_{ij}$。

一致性检验是判断根据矩阵得出的指标权重是否有效、确定判断矩阵不一致的允许范围、保证结论准确性和合理性的关键一步，具体步骤如下。

① 定义一致性指标 CI

$$\mathrm{CI}=\frac{\lambda_{\max}-n}{n-1} \tag{5-6}$$

式中：CI=0，表示有完全的一致性；CI 越接近于 0，表示一致性越强；CI 越大，不一致性越严重。$\lambda_{\max}$为最大特征根；n 为非零特征根。

② 定义一致性比率 CR

$$\mathrm{CR}=\frac{\mathrm{CI}}{\mathrm{RI}} \tag{5-7}$$

式中：RI 是一致性指标，用来衡量 CI 值的大小。RI 是经过随机构造的 500 个判断矩阵分别计算其一致性指标，最后取平均值得到。RI 随指标个数不同而变化，如表 5-3 所列。

表 5-3　判断矩阵 *P* 的平均随机一致性指标 RI

n	1	2	3	4	5	6	7	8	9	10	11
RI	0	0	0.58	0.90	1.12	1.24	1.32	1.41	1.45	1.49	1.51

当 CR<0.10 时，认为判断矩阵的不一致程度在容许的范围，有满意的一致性，通过一致性检验。若不能通过一致性检验，则要重新构造判断矩阵，并对 b_{ij} 进行调整。

第四步：可拓理论确定隶属度矩阵。

(1) 确定各指标参数的经典域。

本书中的经典域是指各评价指标因素相对于评价的四种结果{优，良，中，差}的取值范围，表示为：

$$\boldsymbol{R}_j(C_i)=[V_j,C_i,Q_{ij}]=\begin{bmatrix} V_j & C_1 & \langle a_{1j},b_{1j}\rangle \\ & C_2 & \langle a_{2j},b_{2j}\rangle \\ & \vdots & \vdots \\ & C_n & \langle a_{nj},b_{nj}\rangle \end{bmatrix} \tag{5-8}$$

式中　$\boldsymbol{R}_j(C_i)$——第 i 个准则层因数的经典物元；

V_j——第 j 级评价等级，$j=1,2,\cdots,m$；

C_i——第 i 个评价指标因素，$i=1,2,\cdots,n$。

Q_{ij}——第 i 个评估因子相较于第 j 级评价等级的取值范围，$Q_{ij}=(a_{ij},b_{ij})$。

（2）确定指标参数的节域。

节域就是各指标参数评价等级总的取值范围，表示为：

$$\boldsymbol{R}_V(C_i)=[V_p,C_i,Q_{ip}]=\begin{bmatrix} V_p & C_1 & \langle a_{1p},b_{1p}\rangle \\ & C_2 & \langle a_{2p},b_{2p}\rangle \\ & \vdots & \vdots \\ & C_n & \langle a_{np},b_{np}\rangle \end{bmatrix} \tag{5-9}$$

式中　V_p——全体综合评价等级；

Q_{ip}——第 i 个评估因子评价等级总的取值范围。

（3）确定待评价物元。

本书中的待评价物元是指待评价各指标的实际数据或分析结果构成的一个集合，待评价物元 $\boldsymbol{R}(N)$ 表示为：

$$\boldsymbol{R}(N)=[N,C_i,Q_i]=\begin{bmatrix} N & C_1 & Q_1 \\ & C_2 & Q_2 \\ & \vdots & \vdots \\ & C_n & Q_n \end{bmatrix} \tag{5-10}$$

式中　N——待评价物元；

Q_i——第 i 个评估因子的具体取值。

（4）确定待评价物元与各评价等级的关联度。

$$K_j(C_i)=\begin{cases} \dfrac{\rho(Q_i,Q_{ij})}{\rho(Q_i,Q_{ip})-\rho(Q_i,Q_{ij})}, & \rho(Q_i,Q_{ip})-\rho(Q_i,Q_{ij})\neq 0 \\ \dfrac{-\rho(Q_i,Q_{ij})}{|Q_{ij}|}, & \rho(Q_i,Q_{ip})-\rho(Q_i,Q_{ij})=0 \end{cases} \tag{5-11}$$

式中　$K_j(C_i)$——关联函数，用于评估指标因子 C_n 相较于第 j 级评价等级的相关性；

$|Q_{ij}|$——区间 (a_{nj},b_{nj}) 的长度，即 $|b_{nj}-a_{nj}|$；

$\rho(Q_i,Q_{ij})$——点 Q_i 相对于区间 Q_{ij} 的距；

$\rho(Q_i,Q_{ip})$——点 Q_i 相对于区间 Q_{ip} 的距。

$$\rho(Q_i, Q_{ij}) = \left| Q_i - \frac{a_{ij} + b_{ij}}{2} \right| - \frac{b_{ij} - a_{ij}}{2} \tag{5-12}$$

$$\rho(Q_i, Q_{ip}) = \left| Q_i - \frac{a_{ip} + b_{ip}}{2} \right| - \frac{b_{ip} - a_{ip}}{2} \tag{5-13}$$

通过上式，分别计算各个指标的待评价物元和各评价等级的关联度，确定各指标的单因素隶属度矩阵。

$$\boldsymbol{R} = \begin{pmatrix} r_{11} & r_{12} & \cdots & r_{1m} \\ r_{21} & r_{22} & \cdots & r_{2m} \\ \vdots & \vdots & \vdots & \vdots \\ r_{n1} & r_{n2} & \cdots & r_{nm} \end{pmatrix} \tag{5-14}$$

第五步：模糊综合评判。

在运用多层次模糊综合评判原理进行综合评判时，需要针对不同需求选用不同的模糊合成算子，算子不同，评价结果则不同。按照广义的模糊运算定义，一般有以下四种算子[113]。

(1) 取大-取小算子 $\boldsymbol{M}(\wedge, \vee)$，又称主因素决定型，计算规则如下：

$$b_j = \overset{i=1}{\overset{n}{\vee}} (\omega_i \wedge r_{ij}),\ j = 1, 2, \cdots, m \tag{5-15}$$

该方法运算简单，但是将因素间的联系割断开来，且对不同性质的量进行比较[114]，只考虑最大权重的因素，忽略次要因素，淹没了许多重要信息，不利于系统的整体性评判。因此，不适合综合评判。

(2) 最大乘积算子 $\boldsymbol{M}(\cdot, \vee)$，计算规则如下：

$$b_j = \overset{i=1}{\overset{n}{\vee}} (\omega_i \cdot r_{ij}),\ j = 1, 2, \cdots, m \tag{5-16}$$

该方法要求决定 b_j 的因素是 w_i 和 r_{ij} 的乘积数值最大的那个因素，不仅要求 w_i 大，还要求 r_{ij} 大，同样也忽略了其他的因素，不利于进行系统的整体性评判。

(3) 均衡平均型算子 $\boldsymbol{M}(\wedge, \oplus)$，计算规则如下：

$$b_j = \sum_{i=1}^{n} \left(\omega_i \wedge \frac{r_{ij}}{\sum_{k=1}^{n} r_{kj}} \right),\ j = 1, 2, \cdots, m \tag{5-17}$$

该方法同样需要将不同性质的数值进行比较，考虑了不同因素的重要程度，优于以上两种方法，但是同样不适合用于因素较多的复杂系统的评判。

(4) 加权平均型算子 $\boldsymbol{M}(\cdot,\oplus)$，计算规则如下：

$$b_j = \sum_{i=1}^{n}(\omega_i \cdot r_{ij}),\ j = 1,2,\cdots,m \tag{5-18}$$

该方法依据权重大小均衡考虑了所有组成元素之间的相对重要程度[115]，使评价结果更加合理化，比较适用于要求整体指标的情形。对于综合效益评判，所有指标应统筹兼顾，故本书运用加权平均模糊评判原则将权重向量和隶属度矩阵进行合成运算，计算综合评判结果 $\boldsymbol{B}$ 如下：

$$\boldsymbol{B}=\boldsymbol{\omega}\circ\boldsymbol{R}=(\omega_1,\omega_2,\cdots,\omega_n)\circ\begin{pmatrix} r_{11} & r_{12} & \cdots & r_{1m} \\ r_{21} & r_{22} & \cdots & r_{2m} \\ \vdots & \vdots & \vdots & \vdots \\ r_{n1} & r_{n2} & \cdots & r_{nm} \end{pmatrix}=(b_1,b_2,\cdots,b_n) \tag{5-19}$$

式中：“$\circ$”为模糊合成算子。

第六步：按照隶属度最大原则，进行综合判断或计算综合评估值。

6 禾草沟二矿 110 工法综合效益评价

本章基于前述 110 工法技术体系、综合效益分析、综合效益指标和综合效益评价模型，以禾草沟二矿 110 工法工程经验为例，对其实施 110 工法以来的综合效益进行评估，以期为相似工程提供借鉴。

6.1 禾草沟二矿 110 工法开采概况

禾草沟二矿 2015 年引入 110 工法。2015 年 8 月—2019 年 10 月使用 110 工法开采技术已开采了 1105、1107、1109、1111、1121 等 9 个工作面，沿空留巷 9 条，少掘进回采巷道 9 条。工作面布置示意如图 6-1 所示。

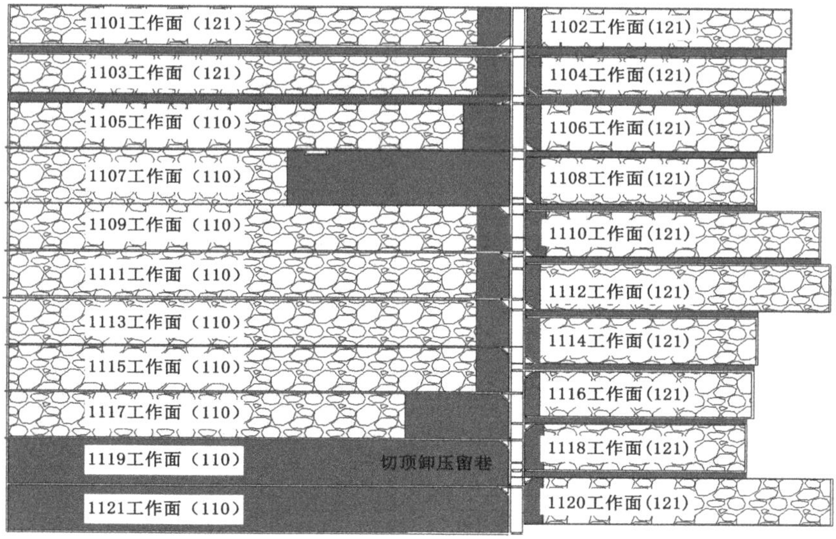

图 6-1 工作面布置示意图

6.2 禾草沟二矿 110 工法综合效益模糊评价

6.2.1 指标集和评价集的确定

6.2.1.1 确定 110 工法综合效益评估的指标集

构建禾草沟二矿 110 工法综合效益评价指标集如表 6-1 所列。

表 6-1 评估指标集

<table>
<tr><th>目标层</th><th>准则层</th><th>子准则层</th><th>指标层</th></tr>
<tr><td rowspan="20">110 工法综合效益 A</td><td rowspan="6">经济效益 B_1</td><td rowspan="3">项目投入 C_1</td><td>资金投入 C_{11}</td></tr>
<tr><td>人力投入 C_{12}</td></tr>
<tr><td>时间投入 C_{13}</td></tr>
<tr><td rowspan="3">盈利能力 C_2</td><td>财务净现值 C_{21}</td></tr>
<tr><td>财务内部收益率 C_{22}</td></tr>
<tr><td>动态投资回收期 C_{23}</td></tr>
<tr><td rowspan="7">社会效益 B_2</td><td rowspan="3">提高施工安全性 C_3</td><td>百万吨死亡率 C_{31}</td></tr>
<tr><td>工作面瓦斯浓度 C_{32}</td></tr>
<tr><td>职工尘肺病发病率 C_{33}</td></tr>
<tr><td rowspan="4">促进社会进步 C_4</td><td>推动区域经济发展 C_{41}</td></tr>
<tr><td>改善职工生活 C_{42}</td></tr>
<tr><td>提高生产效率 C_{43}</td></tr>
<tr><td>促进技术进步 C_{44}</td></tr>
<tr><td rowspan="5">生态效益 B_3</td><td rowspan="2">节约资源 C_5</td><td>采区回采率 C_{51}</td></tr>
<tr><td>矿井服务年限 C_{52}</td></tr>
<tr><td rowspan="3">保护环境 C_6</td><td>土地塌陷面积 C_{61}</td></tr>
<tr><td>水资源破坏程度 C_{62}</td></tr>
<tr><td>煤矸石污染程度 C_{63}</td></tr>
</table>

表 6-1 相关内容用集合表示为：

$U=\{U_1,U_2,U_3\}$=｛经济效益，社会效益，生态效益｝。

其中：

$U_1=\{u_{11},u_{12}\}$=｛项目投入，盈利能力｝，$u_{11}=\{u_{111},u_{112},u_{113}\}$=｛资金投入，人力投入，时间投入｝，$u_{12}=\{u_{121},u_{122},u_{123}\}$=｛财务净现值，财务内部收益率，动态投资回收期｝。

$U_2=\{u_{21},u_{22}\}$=｛提高施工安全性，促进社会进步｝，$u_{21}=\{u_{211},u_{212},u_{213}\}$=｛百万吨死亡率，工作面瓦斯浓度，职工尘肺病发病率｝，$u_{22}=\{u_{221},u_{222},u_{223},u_{224}\}$=｛推动区域经济发展，改善职工生活，提高生产效率，促进技术进步｝。

$U_3=\{u_{31},u_{32}\}$=｛节约资源，保护环境｝，$u_{31}=\{u_{311},u_{312}\}$=｛采区回采率，矿井服务年限｝，$u_{32}=\{u_{321},u_{322},u_{323}\}$=｛土地塌陷面积，水资源破坏程度，煤矸石污染程度｝。

人力投入、资金投入、时间投入、推动区域经济发展、促进技术进步、改善职工生活、提高生产效率、水资源破坏程度和煤矸石污染程度为定性指标，其余为定量指标。

6.2.1.2　确定指标评价集和待评估值

根据 110 工法施工效果，参考国家能源局印发的《煤炭建设项目经济评价方法与参数实施细则》，本书将禾草沟二矿 110 工法开采的综合效益评价标准划分为“优”“良”“中”“差”4 个等级，即 $V=\{V_1,V_2,V_3,V_4\}$=｛优，良，中，差｝。评价等级说明[116]见表 6-2。

表 6-2　评价等级说明

等级	说明
优	说明该方案的实施能够给项目带来较好的效果，经济、社会、生态各方面较理想，处于可持续发展状态
良	说明该方案的实施能够给项目带来良好的效果，经济、社会、生态各方面基本达到企业、社会和国家的要求，处于基本可持续发展状态
中	说明该方案的实施能够给项目带来一般的效果，能够保持企业盈利，但是社会和生态等方面显现出较大的负外部性，处于较差的可持续发展状态

表 6-2（续）

等级	说明
差	说明该方案的实施能够给项目带来较差的效果，能够保持企业盈利，但是资源浪费和环境破坏严重，事故率高，完全以牺牲社会效益和生态环境为代价，不符合可持续发展理念

针对定性和定量两种指标需要采用不同的方法确定评价集。定性指标的评价采取专家打分的方法，设定不同等级对应的分数范围集合为$S=\{(80,100),(70,80),(50,70),(0,50)\}$。考虑到评价结果的真实性和客观性，本书主要采取线下访谈的方式邀请专家进行打分，本书在高级管理者、中级管理者和生产作业一线人员中以 1∶1∶1 的原则一共选取了 6 名专家进行打分，专家打分结果如表 6-3 所列。

表 6-3　专家打分结果

指标	专家						平均得分
	Z_1	Z_2	Z_3	Z_4	Z_5	Z_6	
资金投入 C_{11}	90	87	83	89	88	91	88.000 0
人力投入 C_{12}	80	82	75	80	78	83	79.666 7
时间投入 C_{13}	86	86	83	77	85	80	82.833 3
推动区域经济发展 C_{41}	75	77	75	72	74	80	75.500 0
改善职工生活 C_{42}	88	85	81	82	86	79	83.500 0
提高生产效率 C_{43}	91	85	83	76	80	81	82.666 7
促进技术进步 C_{44}	75	80	73	76	83	77	77.833 3
水资源破坏程度 C_{62}	80	78	73	76	75	66	74.666 7
煤矸石污染程度 C_{63}	80	76	74	70	78	72	75.000 0

定量指标评价标准根据相关标准规范和禾草沟二矿实际情况确定，具体如下。

(1) 财务净现值

参考延安市煤矿行业调查报告并根据本矿的实际生产情况，本书将财务净现值的评价标准设为：V_j＝{优，良，中，差}＝{(10 000，15 000)，(5 000，10 000)，(0，5 000)，(－5 000，0)}。

(2) 财务内部收益率

参考延安市煤矿行业调查报告并根据本矿的实际生产情况，本书将财务内部收益率的评价标准设为：V_j＝{优，良，中，差}＝{(15%，20%)，(10%，15%)，(5%，10%)，(0，5%)}。

(3) 动态投资回收期

参考延安市煤矿行业调查报告并根据本矿的实际生产情况，本书将动态投资回收期的评价标准设为：V_j＝{优，良，中，差}＝{(0，5)，(5，10)，(10，15)，(15，18)}。

(4) 百万吨死亡率

参考2018年我国煤矿百万吨死亡率为0.093，因此单个煤矿的百万吨死亡率应不超过0.1，再结合本矿的实际情况，将百万吨死亡率的评价标准设为：V_j＝{优，良，中，差}＝{(0，0.01)，(0.01，0.03)，(0.03，0.05)，(0.05，0.1)}。

(5) 工作面瓦斯浓度

《煤矿安全规程》规定采掘工作面回风巷中瓦斯浓度超过1%时必须停止工作，再结合本矿的实际情况，将工作面瓦斯浓度的评价标准设为：V_j＝{优，良，中，差}＝{(0，0.01%)，(0.01%，0.1%)，(0.1%，0.5%)，(0.5%，1%)}。

(6) 职工尘肺病发病率

据统计，到2007年年底，尘肺病发病率高达7.2%。参考某煤矿2000—2015年尘肺病发病率情况(见图6-2)可知，患病率总体呈下降趋势，由2000年10.5%下降至2015年的5.13%[117]。

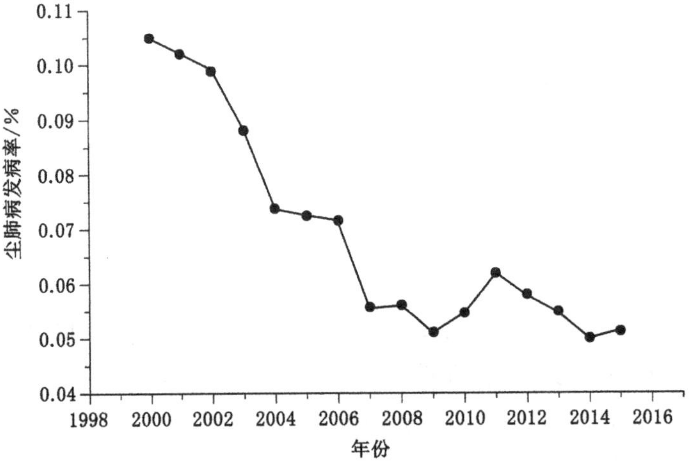

图 6-2　2000—2015 年尘肺病发病率

随着我国对尘肺病防治重视程度的提升和开采方式的优化，发病率应当呈下降趋势，只要工作环境得到改善和防护措施做得好，尘肺病是可以避免的，即使工作 10 a 也不一定会患上尘肺病。因此，遵循发病率越低越好的原则，综合上述数据并结合本矿实际情况，将职工尘肺病发病率的评价标准设为：V_j ＝｛优，良，中，差｝＝｛(0，1%)，(1%，3%)，(3%，5%)，(5%，7%)｝。

(7) 采区回采率

根据国家发展和改革委员会发布的《煤炭先进产能评价依据（暂行）》，薄煤层采区回采率不得低于 85%，工作面回采率不得低于 97%，综放工作面回采率不低于 80%。因此，将采区回采率的评价标准设为：V_j ＝｛优，良，中，差｝＝｛(95%，100%)，(90%，95%)，(85%，90%)，(80%，85%)｝。

(8) 矿井服务年限

结合《煤炭工业矿井设计规范》(GB 50215—2015)，年生产能力 30 万 t 的小型煤矿矿井服务年限应为 15～18 a，改扩建矿井的设计服务年限可适当缩短，结合本矿实际情况，将矿井服务年限标准设定为：V_j ＝｛优，良，中，差｝＝｛(15，18)，(12，15)，(9，12)，(6，9)｝。

(9) 土地塌陷面积

根据煤矿采选行业的清洁生产标准，土地塌陷面积应小于0.12 hm^2/Mt，因此，结合本矿实际情况，将土地塌陷面积的评价标准设为：V_j＝{优，良，中，差}＝{(0，0.03)，(0.03，0.06)，(0.06，0.09)，(0.09，0.12)}。

综上，各指标的评价标准和待评估值详见表6-4。

表6-4 指标评价标准和待评估值汇总表

指标层	等级				
	待评估值	优	良	中	差
资金投入 C_{11}	88.000 0	(80,100)	(70,80)	(50,70)	(0,50)
人力投入 C_{12}	79.666 7	(80,100)	(70,80)	(50,70)	(0,50)
时间投入 C_{13}	82.833 3	(80,100)	(70,80)	(50,70)	(0,50)
财务净现值 C_{21}	12 044.92	(10 000,15 000)	(5 000,10 000)	(0,5 000)	(−5 000,0)
财务内部收益率 C_{22}	18%	(15%,20%)	(10%,15%)	(5%,10%)	(0,5%)
动态投资回收期 C_{23}	3.112 6	(0,5)	(5,10)	(10,15)	(15,18)
百万吨死亡率 C_{31}	0	(0,0.01)	(0.01,0.03)	(0.03,0.05)	(0.05,0.1)
工作面瓦斯浓度 C_{32}	0.035%	(0,0.01%)	(0.01%,0.1%)	(0.1%,0.5%)	(0.5%,1%)
职工尘肺病发病率 C_{33}	0	(0,1%)	(1%,3%)	(3%,5%)	(5%,7%)
推动区域经济发展 C_{41}	75.500 0	(80,100)	(70,80)	(50,70)	(0,50)
改善职工生活 C_{42}	83.500 0	(80,100)	(70,80)	(50,70)	(0,50)
提高生产效率 C_{43}	82.666 7	(80,100)	(70,80)	(50,70)	(0,50)
促进技术进步 C_{44}	77.333 3	(80,100)	(70,80)	(50,70)	(0,50)
采区回采率 C_{51}	100%	(95%,100%)	(90%,95%)	(85%,90%)	(80%,85%)
矿井服务年限 C_{52}	12.7	(15,18)	(12,15)	(9,12)	(6,9)
土地塌陷面积 C_{61}	0	(0,0.03)	(0.03,0.06)	(0.06,0.09)	(0.09,0.12)
水资源破坏程度 C_{62}	74.666 7	(80,100)	(70,80)	(50,70)	(0,50)
煤矸石污染程度 C_{63}	75.000 0	(80,100)	(70,80)	(50,70)	(0,50)

6.2.2 层次分析法确定指标权重

数据主要通过调查问卷方式获得。从科研单位和煤炭企业按照1∶1的比例一共邀请了12位熟悉110工法的专家对各个指标的重要性进行比较，构造判断矩阵。最后整理调查结果，并通过MATLAB软件计算，得到各层级指标相对于上一层级的权重。

6.2.2.1 准则层对目标层的判断矩阵及权重

准则层对目标层的判断矩阵及权重如表6-5所列。

表6-5 准则层对目标层的判断矩阵及权重

综合效益 A	经济效益 B_1	社会效益 B_2	生态效益 B_3	权重分配
经济效益 B_1	1	3	4	0.630 1
社会效益 B_2	1/3	1	1/2	0.151 5
生态效益 B_3	1/4	2	1	0.218 4

用MATLAB软件计算得出 $\lambda_{max}=3.107\ 8$，$CR\approx0.093\ 0<0.10$，故该矩阵符合一致性要求，权重分配合理。

根据表6-5可知，经济效益对综合效益权重最大，其次是生态效益，最后是社会效益，说明经济效益对煤矿开采综合效益评估的影响最大。但是，依据可持续发展理念，煤炭开采不应该将追求经济效益凌驾于生态效益和社会效益之上，三者应该平衡发展。在此考虑出现此评分结果的原因主要是生态效益和社会效益是需要从长期的一个大环境来看，短时间内效益不如经济效益明显，因此对其综合效益的评价主要依据经济效益，经济水平的不断提升自然会促进人们对生态环境和生活质量的重视，进而提高其生态效益和社会效益。

6.2.2.2 子准则层对准则层的判断矩阵及权重

子准则层对准则层的判断矩阵及权重如表6-6～表6-8所列。

表6-6 经济效益指标对经济效益的判断矩阵及权重

经济效益 B_1	项目投入 C_1	盈利能力 C_2	权重分配
项目投入 C_1	1	1/3	0.249 9
盈利能力 C_2	3	1	0.750 1

用MATLAB软件计算得出 $\lambda_{max}=2$，且 $n=2$ 时，RI=0，本身具备完全一致性，故该矩阵符合一致性要求，权重分配合理。

表6-7 社会效益指标对社会效益的判断矩阵及权重

社会效益 B_2	提高施工安全性 C_3	促进社会进步 C_4	权重分配
提高施工安全性 C_3	1	7	0.875 0
促进社会进步 C_4	1/7	1	0.125 0

用MATLAB软件计算得出 $\lambda_{max}=3.087\ 2$，且 $n=2$ 时，RI=0，本身具备完全一致性，故该矩阵符合一致性要求，权重分配合理。

表6-8 生态效益指标对生态效益的判断矩阵及权重

生态效益 B_3	节约资源 C_5	保护环境 C_6	权重分配
节约资源 C_5	1	2	0.666 7
保护环境 C_6	1/2	1	0.333 3

用MATLAB软件计算得出结果与表6-7相同，说明本身具备完全一致性，该矩阵符合一致性要求，权重分配合理。

6.2.2.3 指标层对子准则层的判断矩阵及权重

指标层对子准则层的判断矩阵及权重如表6-9～表6-14所列。

表 6-9 项目投入指标对项目投入的判断矩阵及权重

项目投入 C_1	资金投入 C_{11}	人力投入 C_{12}	时间投入 C_{13}	权重分配
资金投入 C_{11}	1	4	5	0.683 3
人力投入 C_{12}	1/4	1	2	0.199 8
时间投入 C_{13}	1/5	1/2	1	0.116 7

用 MATLAB 软件计算得出 $\lambda_{max}=3.024\ 6$，CR≈0.0212<0.10，故该矩阵符合一致性要求，权重分配合理。

表 6-10 盈利能力指标对盈利能力的判断矩阵及权重

盈利能力 C_2	财务净现值 C_{21}	财务内部收益率 C_{22}	动态投资回收期 C_{23}	权重分配
财务净现值 C_{21}	1	1	1/2	0.240 2
财务内部收益率 C_{22}	1	1	1/3	0.209 8
动态投资回收期 C_{23}	2	3	1	0.550 0

用 MATLAB 软件计算得出 $\lambda_{max}=3.018\ 3$，CR≈0.015 8<0.10，故该矩阵符合一致性要求，权重分配合理。

表 6-11 提高施工安全性指标对提高施工安全性的判断矩阵及权重

提高施工安全性 C_3	百万吨死亡率 C_{31}	工作面瓦斯浓度 C_{32}	职工尘肺病发病率 C_{33}	权重分配
百万吨死亡率 C_{31}	1	5	6	0.717 2
工作面瓦斯浓度 C_{32}	1/5	1	1/5	0.194 7
职工尘肺病发病率 C_{33}	1/5	5	1	0.088 1

用 MATLAB 软件计算得出 $\lambda_{max}=3.094\ 0$，CR≈0.081 0<0.10，故该矩阵符合一致性要求，权重分配合理。

表 6-12 促进社会进步指标对促进社会进步的判断矩阵及权重

促进社会进步 C_4	推动区域经济发展 C_{41}	改善职工生活 C_{42}	提高生产效率 C_{43}	促进技术进步 C_{44}	权重分配
推动区域经济发展 C_{41}	1	3	3	4	0.504 7
改善职工生活 C_{42}	1/3	1	1	2	0.182 5
提高生产效率 C_{43}	1/3	1	1	4	0.225 1
促进技术进步 C_{44}	1/4	1/2	1/4	1	0.087 8

用 MATLAB 软件计算得出 $\lambda_{max}=4.117\ 9$，CR≈0.043 7<0.10，故该矩阵符合一致性要求，权重分配合理。

表 6-13 节约资源指标对节约资源的判断矩阵及权重

节约资源 C_5	采区回采率 C_{51}	矿井服务年限 C_{52}	权重分配
采区回采率 C_{51}	1	3	0.750 0
矿井服务年限 C_{52}	1/3	1	0.250 0

用 MATLAB 软件计算得出 $\lambda_{max}=3.087\ 2$，且 $n=2$ 时，RI=0，本身具备完全一致性，故该矩阵符合一致性要求，权重分配合理。

表 6-14 保护环境指标对保护环境的判断矩阵及权重

保护环境 C_6	土地塌陷面积 C_{61}	水资源破坏程度 C_{62}	煤矸石污染程度 C_{63}	权重分配
土地塌陷面积 C_{61}	1	5	3	0.648 3
水资源破坏程度 C_{62}	1/5	1	1/2	0.122 0
煤矸石污染程度 C_{63}	1/3	2	1	0.229 7

用 MATLAB 软件计算得出 $\lambda_{max}=3.003\ 7$，CR≈0.003 2<0.10，故该矩阵符合一致性要求，权重分配合理。

最终各指标的权重汇总如表 6-15 所列。

表 6-15　指标权重汇总表

目标层	准则层	权重	子准则层	权重	指标层	权重
110工法综合效益 A	经济效益 B_1	0.630 1	项目投入 C_1	0.249 9	资金投入 C_{11}	0.683 3
					人力投入 C_{12}	0.199 8
					时间投入 C_{13}	0.116 7
			盈利能力 C_2	0.750 1	财务净现值 C_{21}	0.240 2
					财务内部收益率 C_{22}	0.209 8
					动态投资回收期 C_{23}	0.550 0
	社会效益 B_2	0.151 5	提高施工安全性 C_3	0.875 0	百万吨死亡率 C_{31}	0.717 2
					工作面瓦斯浓度 C_{32}	0.194 7
					职工尘肺病发病率 C_{33}	0.088 1
			促进社会进步 C_4	0.125 0	推动区域经济发展 C_{41}	0.504 7
					改善职工生活 C_{42}	0.182 5
					提高生产效率 C_{43}	0.225 1
					促进技术进步 C_{44}	0.087 8
	生态效益 B_3	0.218 4	节约资源 C_5	0.666 7	采区回采率 C_{51}	0.750 0
					矿井服务年限 C_{52}	0.250 0
			保护环境 C_6	0.333 3	土地塌陷面积 C_{61}	0.648 3
					水资源破坏程度 C_{62}	0.122 0
					煤矸石污染程度 C_{63}	0.229 7

6.2.3　可拓理论确定隶属度矩阵

以表 6-4 为基础，根据可拓理论确定各指标的关联度，最终确定子准则层、准则层和目标层的隶属度矩阵。以项目投入为例，计算其关联度。

(1) 经典域的确定，具体计算矩阵如下：

$$\boldsymbol{R}_1(C_1)=\begin{bmatrix} V_1 & C_{11} & \langle 80,100\rangle \\ & C_{12} & \langle 80,100\rangle \\ & C_{13} & \langle 80,100\rangle \end{bmatrix}\quad \boldsymbol{R}_2(C_1)=\begin{bmatrix} V_2 & C_{11} & \langle 70,80\rangle \\ & C_{12} & \langle 70,80\rangle \\ & C_{13} & \langle 70,80\rangle \end{bmatrix}$$

$$\boldsymbol{R}_3(C_1)=\begin{bmatrix} V_3 & C_{11} & \langle 50,70\rangle \\ & C_{12} & \langle 50,70\rangle \\ & C_{13} & \langle 50,70\rangle \end{bmatrix} \quad \boldsymbol{R}_4(C_1)=\begin{bmatrix} V_4 & C_{11} & \langle 0,50\rangle \\ & C_{12} & \langle 0,50\rangle \\ & C_{13} & \langle 0,50\rangle \end{bmatrix}$$

(2) 节域的确定，具体计算矩阵如下：

$$\boldsymbol{R}_V(C_1)=\begin{bmatrix} V & C_{11} & \langle 0,100\rangle \\ & C_{12} & \langle 0,100\rangle \\ & C_{13} & \langle 0,100\rangle \end{bmatrix}$$

(3) 待评价物元的确定，具体计算矩阵如下：

$$\boldsymbol{R}(C_1)=\begin{bmatrix} C_1 & C_{11} & 88.0000 \\ & C_{12} & 79.6667 \\ & C_{13} & 82.8333 \end{bmatrix}$$

(4) 关联度计算，具体计算如下：

计算项目投入各指标相对于综合效益评价“优”“良”“中”“差”4个等级的关联度：

$$\rho(C_{11},V_1)=\left|88-\frac{80+100}{2}\right|-\frac{100-80}{2}=-8$$

$$\rho(C_{11},V_2)=\left|88-\frac{70+80}{2}\right|-\frac{80-70}{2}=8$$

$$\rho(C_{11},V_3)=\left|88-\frac{50+70}{2}\right|-\frac{70-50}{2}=18$$

$$\rho(C_{11},V_4)=\left|88-\frac{0+50}{2}\right|-\frac{50-0}{2}=38$$

$$\rho(C_{11},V)=\left|88-\frac{0+100}{2}\right|-\frac{100-0}{2}=-12$$

则项目投入中资金投入的评价等级关联度分别为：

$$K_1(C_{11})=\frac{-8}{-12+8}=2$$

$$K_2(C_{11})=\frac{8}{-12-8}=-0.4$$

$$K_3(C_{11})=\frac{18}{-12-18}=-0.6$$

$$K_4(C_{11})=\frac{38}{-12-38}=-0.76$$

同理，根据上述步骤，可计算出项目投入的其他指标相对于各等级的关联度：

$$K_1(C_{12})=-0.0161,\ K_2(C_{12})=0.0167,$$
$$K_3(C_{12})=-0.3222,\ K_4(C_{12})=-0.5933$$
$$K_1(C_{13})=0.1977,\ K_2(C_{13})=-0.1417,$$
$$K_3(C_{13})=-0.4278,\ K_4(C_{13})=-0.6567$$

依照此步骤，依次计算出指标体系中各指标关联度，得到结果如表 6-16 所列。

表 6-16　指标关联度汇总表

指标层	等级			
	关联度			
	优	良	中	差
资金投入 C_{11}	2.000 0	−0.400 0	−0.600 0	−0.760 0
人力投入 C_{12}	−0.016 1	0.016 7	−0.322 2	−0.593 3
时间投入 C_{13}	0.197 7	−0.141 7	−0.427 8	−0.656 7
财务净现值 C_{21}	0.409 0	−0.409 0	−0.704 5	−0.803 0
财务内部收益率 C_{22}	0.400 0	−0.600 0	−0.800 0	−0.866 7
动态投资回收期 C_{23}	1.540 5	−0.377 5	−0.688 7	−3.962 5
百万吨死亡率 C_{31}	0.000 0	−1.000 0	−1.000 0	−1.000 0
工作面瓦斯浓度 C_{32}	0.140 0	−0.860 0	−0.930 0	−0.953 3
职工尘肺病发病率 C_{33}	0.000 0	−1.000 0	−1.000 0	−1.000 0
推动区域经济发展 C_{41}	−0.155 2	0.225 0	−0.183 3	−0.510 0
改善职工生活 C_{42}	0.269 2	−0.175 0	−0.450 0	−0.670 0
提高生产效率 C_{43}	0.181 8	−0.133 3	−0.422 2	−0.653 3

表 6-16（续）

指标层	等级			
	关联度			
	优	良	中	差
促进技术进步 C_{44}	−0.105 3	0.133 3	−0.244 4	−0.546 7
采区回采率 C_{51}	0.000 0	−1.000 0	−1.000 0	−1.000 0
矿井服务年限 C_{52}	−0.302 6	0.152 2	−0.116 7	−0.411 1
土地塌陷面积 C_{61}	0.000 0	−1.000 0	−1.000 0	−1.000 0
水资源破坏程度 C_{62}	−0.173 9	0.225 8	−0.155 6	−0.493 3
煤矸石污染程度 C_{63}	−0.166 7	0.250 0	−0.166 7	−0.500 0

（5）建立隶属度矩阵。由表6-16可以得出子准则层的隶属度矩阵如下：

$$\boldsymbol{R}_{C_1}=\begin{bmatrix} 2.000\,0 & -0.400\,0 & -0.600\,0 & -0.760\,0 \\ -0.016\,1 & 0.016\,7 & -0.322\,2 & -0.593\,3 \\ 0.197\,7 & -0.141\,7 & -0.427\,8 & -0.656\,7 \end{bmatrix}$$

$$\boldsymbol{R}_{C_2}=\begin{bmatrix} 0.409\,0 & -0.409\,0 & -0.704\,5 & -0.803\,0 \\ 0.400\,0 & -0.600\,0 & -0.800\,0 & -0.866\,7 \\ 1.540\,5 & -0.377\,5 & -0.688\,7 & -3.962\,5 \end{bmatrix}$$

$$\boldsymbol{R}_{C_3}=\begin{bmatrix} 0.000\,0 & -1.000\,0 & -1.000\,0 & -1.000\,0 \\ 0.140\,0 & -0.860\,0 & -0.930\,0 & -0.953\,3 \\ 0.000\,0 & -1.000\,0 & -1.000\,0 & -1.000\,0 \end{bmatrix}$$

$$\boldsymbol{R}_{C_4}=\begin{bmatrix} -0.155\,2 & 0.225\,0 & -0.183\,3 & -0.510\,0 \\ 0.269\,2 & -0.175\,0 & -0.450\,0 & -0.670\,0 \\ 0.181\,8 & -0.133\,3 & -0.422\,2 & -0.653\,3 \\ -0.105\,3 & 0.133\,3 & -0.244\,4 & -0.546\,7 \end{bmatrix}$$

$$\boldsymbol{R}_{C_5}=\begin{bmatrix} 0.000\,0 & -1.000\,0 & -1.000\,0 & -1.000\,0 \\ -0.302\,6 & 0.152\,2 & -0.116\,7 & -0.411\,1 \end{bmatrix}$$

$$R_{C_6}=\begin{bmatrix}0.0000 & -1.0000 & -1.0000 & -1.0000\\ -0.1739 & 0.2258 & -0.1556 & -0.4933\\ -0.1667 & 0.2500 & -0.1667 & -0.5000\end{bmatrix}$$

6.2.4 模糊综合评价

根据式(5-19)可对禾草沟二矿110工法综合效益进行模糊综合评价,具体内容如下。

6.2.4.1 一级模糊综合评价

(1) 项目投入,计算如下:

$$B_{C_1}=\omega_{C_{11}\sim C_{13}}\circ R_{C_1}\circ[0.6833,\ 0.1998,\ 0.1167]\circ\begin{bmatrix}2.0000 & -0.4000 & -0.6000 & -0.7600\\ -0.0161 & 0.0167 & -0.3222 & -0.5933\\ 0.1977 & -0.1417 & -0.4278 & -0.6567\end{bmatrix}$$

$$=[1.3864,\ -0.2865,\ -0.5243,\ -0.7145]$$

(2) 盈利能力,计算如下:

$$B_{C_2}=\omega_{C_{21}\sim C_{23}}\circ R_{C_2}=[0.2402,\ 0.2098,\ 0.5500]\circ\begin{bmatrix}0.4090 & -0.4090 & -0.7045 & -0.8030\\ 0.4000 & -0.6000 & -0.8000 & -0.8667\\ 1.5405 & -0.3775 & -0.6887 & -3.9625\end{bmatrix}$$

$$=[1.0294,\ -0.4317,\ -0.7159,\ -2.5541]$$

(3) 提高施工安全性,计算如下:

$$B_{C_3}=\omega_{C_{31}\sim C_{33}}\circ R_{C_3}=[0.7172,\ 0.1947,\ 0.0881]\circ\begin{bmatrix}0.0000 & -1.0000 & -1.0000 & -1.0000\\ 0.1400 & -0.8600 & -0.9300 & -0.9533\\ 0.0000 & -1.0000 & -1.0000 & -1.0000\end{bmatrix}$$

$$=[0.0273,\ -0.9727,\ -0.9864,\ -0.9909]$$

(4) 促进社会进步,计算如下:

$$B_{C_4}=\omega_{C_{41}\sim C_{44}}\circ R_{C_4}=[0.5047,\ 0.1825,\ 0.2251\ \ 0.0878]\circ$$

$$\begin{bmatrix} -0.155\,2 & 0.225\,0 & -0.183\,3 & -0.510\,0 \\ 0.269\,2 & -0.175\,0 & -0.450\,0 & -0.670\,0 \\ 0.181\,8 & -0.133\,3 & -0.422\,2 & -0.653\,3 \\ -0.105\,3 & 0.133\,3 & -0.244\,4 & -0.546\,7 \end{bmatrix}$$

$$=[-0.002\,5,\ 0.063\,3,\ -0.291\,1,\ -0.574\,7]$$

(5) 节约资源,计算如下:

$$\boldsymbol{B}_{C_5}=\boldsymbol{\omega}_{C_{51}\sim C_{53}}\circ\boldsymbol{R}_{C_5}=[0.750\,0,\ 0.250\,0]\circ$$

$$\begin{bmatrix} 0.000\,0 & -1.000\,0 & -1.000\,0 & -1.000\,0 \\ -0.302\,6 & 0.152\,2 & -0.116\,7 & -0.411\,1 \end{bmatrix}$$

$$=[-0.075\,7,\ -0.712\,0,\ -0.779\,2,\ -0.852\,8]$$

(6) 保护环境,计算如下:

$$\boldsymbol{B}_{C_6}=\boldsymbol{\omega}_{C_{61}\sim C_{63}}\circ\boldsymbol{R}_{C_6}=[0.648\,3,\ 0.122\,0,\ 0.229\,7]\circ$$

$$\begin{bmatrix} 0.000\,0 & -1.000\,0 & -1.000\,0 & -1.000\,0 \\ -0.173\,9 & -0.225\,8 & -0.155\,6 & -0.493\,3 \\ -0.166\,7 & 0.250\,0 & -0.166\,7 & -0.500\,0 \end{bmatrix}$$

$$=[-0.059\,5,\ -0.563\,3,\ -0.705\,6,\ -0.823\,3]$$

6.2.4.2 二级模糊综合评价

(1) 经济效益准则层的隶属度矩阵为:

$$\boldsymbol{R}_{B_1}=\begin{bmatrix} 1.386\,4 & -0.286\,5 & -0.524\,3 & -0.714\,5 \\ 1.029\,4 & -0.431\,7 & -0.715\,9 & -2.554\,1 \end{bmatrix}$$

则该项目经济效益的灰色模糊综合评估向量为:

$$\boldsymbol{B}_{B_1}=\boldsymbol{\omega}_{C_1\sim C_2}\circ\boldsymbol{R}_{B_1}=[0.249\,9,\ 0.750\,1]\circ$$

$$\begin{bmatrix} 1.386\,4 & -0.286\,5 & -0.524\,3 & -0.714\,5 \\ 1.029\,4 & -0.431\,7 & -0.715\,9 & -2.554\,1 \end{bmatrix}$$

$$=[1.118\,6,\ -0.395\,4,\ -0.668\,0,\ -2.094\,4]$$

(2) 社会效益准则层的隶属度矩阵为:

$$\boldsymbol{R}_{B_2}=\begin{bmatrix} 0.027\,3 & -0.972\,7 & -0.986\,4 & -0.990\,9 \\ -0.002\,5 & 0.063\,3 & -0.291\,1 & -0.574\,4 \end{bmatrix}$$

则该项目社会效益的灰色模糊综合评估向量为:

$$\boldsymbol{B}_{B_2}=\boldsymbol{\omega}_{C_3\sim C_4}\circ\boldsymbol{R}_{B_2}=[0.8750,\ 0.1250]\circ\begin{bmatrix}0.0273 & -0.9727 & -0.9864 & -0.9909\\ -0.0025 & 0.0633 & -0.2911 & -0.5744\end{bmatrix}=[0.0213,\ -0.8403,\ -0.8975,\ -0.9377]$$

(3) 生态效益准则层的隶属度矩阵为：

$$\boldsymbol{R}_{B_3}=\begin{bmatrix}-0.0757 & -0.7120 & -0.7792 & -0.8528\\ -0.0595 & -0.5633 & -0.7056 & -0.8233\end{bmatrix}$$

则该项目生态效益的灰色模糊综合评估向量为：

$$\boldsymbol{B}_{B_3}=\boldsymbol{\omega}_{C_5\sim C_6}\circ\boldsymbol{R}_{B_3}=[0.6667,\ 0.3333]\circ\begin{bmatrix}-0.0757 & -0.7120 & -0.7792 & -0.8528\\ -0.0595 & -0.5633 & -0.7056 & -0.8233\end{bmatrix}=[-0.0703,\ -0.6624,\ -0.7546,\ -0.8430]$$

6.2.4.3　三级模糊综合评价

综合效益评价隶属度矩阵为：

$$\boldsymbol{R}_A=\begin{bmatrix}1.1186 & -0.3954 & -0.6680 & -2.0944\\ -0.0236 & -0.8432 & -0.8995 & -0.9389\\ -0.0703 & -0.6624 & -0.7546 & -0.8430\end{bmatrix}$$

则该项目综合效益的灰色模糊综合评价向量为：

$$\boldsymbol{B}_A=\boldsymbol{\omega}_{B_1\sim B_3}\circ\boldsymbol{R}_A=[0.6301,\ 0.1515,\ 0.2184]\circ\begin{bmatrix}1.1186 & -0.3954 & -0.6680 & -2.0944\\ -0.0236 & -0.8432 & -0.8995 & -0.9389\\ -0.0703 & -0.6624 & -0.7546 & -0.8430\end{bmatrix}=[0.6859,\ -0.5216,\ -0.7219,\ -1.6460]$$

6.3　指标权重分析

为了更加直观显示各指标的重要性，进行层次总排序，结果如图 6-3 所示。

由图 6-3 可知，针对经济、社会、生态三个方面来说，经济效益指标

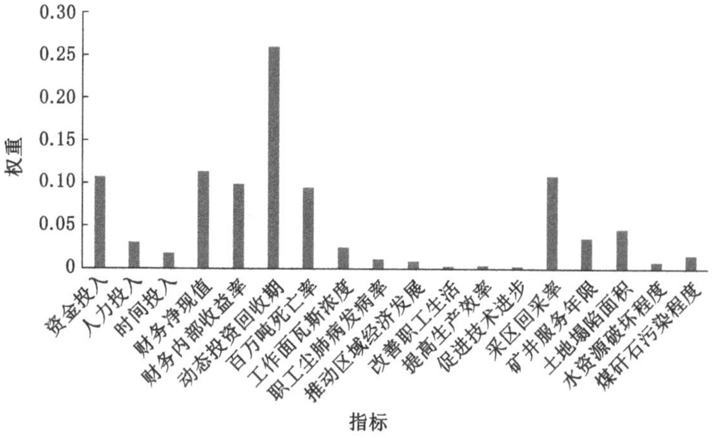

图 6-3 指标权重总排序

中，动态投资回收期权重最大，说明衡量 110 工法的经济效益主要是看其是否能缩短煤矿企业资金的回收期，资金回收期越短，越有利于企业的可持续发展。社会效益指标中，百万吨死亡率的权重最大，是评价 110 工法社会效益的最重要指标，说明煤炭开采作为高危行业之一，应当解决的首要社会问题就是减少煤矿安全事故的发生。生态效益指标中，采区回采率权重最大，110 工法的特点之一就是取消区段煤柱，因此回采率越高，说明 110 工法的生态效益越好。针对综合效益总目标来说，权重占比明显高于其他指标的有动态投资回收期、财务净现值、采区回采率、资金投入、财务内部收益率、百万吨死亡率，说明这几项指标对 110 工法综合效益评估的影响最大。

6.4 评价结果分析

综上，根据最大隶属度原则，可得各指标的综合评价等级如表 6-17 所列。由表 6-17 可知，指标层中人力投入、工作面瓦斯浓度、推动区域经济发展、促进技术进步、矿井服务年限、水资源破坏程度和煤矸石污染程度这几个指标的评级结果处于“良”等级，有待优化。子准则层中只有促进社会进步这一指标的等级结果为“良”，其余指标的评价等级结果均为“优”，说明 110 工法在促进社会进步方面的作用还没有完全发挥出来，随着 110 工法的不断推广使用，逐渐规模化、普遍化，其在推动经济发展，尤其是区域经济发展方面的作用将会不断凸显出来，进而更大程度地改善职工生活。准则层的评价结果均为“优”，即禾草沟二矿采用 110 工法后取得了很好的经济效益、社会效益和生态效益。目标层综合效益的评价结果也为“优”。综上所述，禾草沟二矿 110 工法开采具有较好的综合效益，符合可持续发展要求。另外，通过对比本工程的实际应用效果，与评价结果相符合，表明本方法建立的综合效益评价模型可行。

表 6-17 评价结果汇总表

目标层	等级	准则层	等级	子准则层	等级	指标层	等级
110 工法综合效益 A	优	经济效益 B_1	优	项目投入 C_1	优	资金投入 C_{11}	优
						人力投入 C_{12}	良
						时间投入 C_{13}	优
				盈利能力 C_2	优	财务净现值 C_{21}	优
						财务内部收益率 C_{22}	优
						动态投资回收期 C_{23}	优
		社会效益 B_2	优	提高施工安全性 C_3	优	百万吨死亡率 C_{31}	优
						工作面瓦斯浓度 C_{32}	良
						职工尘肺病发病率 C_{33}	优
				促进社会进步 C_4	良	推动区域经济发展 C_{41}	良
						改善职工生活 C_{42}	优
						提高生产效率 C_{43}	优
						促进技术进步 C_{44}	良
		生态效益 B_3	优	节约资源 C_5	优	采区回采率 C_{51}	优
						矿井服务年限 C_{52}	良
				保护环境 C_6	优	土地塌陷面积 C_{61}	优
						水资源破坏程度 C_{62}	良
						煤矸石污染程度 C_{63}	良

7 N00 工法工艺技术体系

在 110 工法的基础上，何满潮院士于 2016 年提出了 N00 工法，其在开采工艺、通风方法、装备配套、支护工艺等方面均进行了革新，本章从 N00 工法基本原理、"三机配套"技术、"四机配套"技术等方面介绍该工法的工艺技术体系。

7.1 N00 工法基本原理

7.1.1 N00 工法开采和留巷原理

N00 工法创新性地改变了传统留煤柱开采和充填沿空留巷开采的巷道布置方式和采掘模式，利用系列关键技术和配套装备实现了边采煤边留巷，不仅取消了回采巷道掘进，而且无须留设区段护巷煤柱和巷旁充填体，其开采基本原理如图 7-1 所示。

N00 工法基本原理如下：① 工作面 F1 进行回采时，采用系列关键技术及配套装备在工作面 F1 采煤的过程中形成回采巷道 R1 并保留下来；② 当工作面 F2 回采时，巷道 R1 作为一条回采巷道为工作面 F2 服务，同时在工作面另一侧采用同样的方法边采煤边形成另一条回采巷道 R2 并保留下来；③ 如此往复直至整个采区回采完毕。

7.1.2 N00 工法通风方法

相较于常规的留煤柱护巷开采，该技术减少了约 100% 的回采巷道掘进量，同时取消了区段煤柱留设。相较于充填沿空留巷开采，该技术还取消了巷旁充填支护，在减少掘进成本、减弱围岩局部应力集中等方面具有更加突出的优势[118]。

图 7-1　N00 工法开采基本原理图

与传统沿空留巷采用 Y 型通风系统不同，N00 工法采用 Z 型通风系统，如图 7-2 所示。在工作面回采之前，需掘进 1 条边界大巷，如图 7-2(a)所示；工作面回采过程中的 Z 型通风系统如图 7-2(b)所示，上部边界大巷为进风巷道，留设巷道为回风大巷，新鲜风流由上部边界大巷进入工作面，污风流由工作面流入所留设的自成巷后进入边界大巷流出。

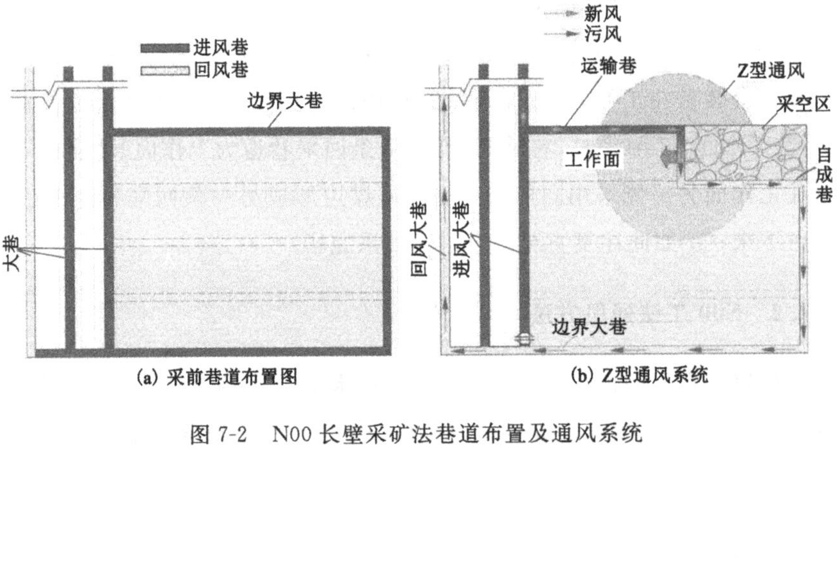

(a) 采前巷道布置图　　(b) Z型通风系统

图 7-2　N00 长壁采矿法巷道布置及通风系统

7.1.3　N00 工法与传统开采方法的差别

相对于传统长壁开采方法，N00 工法的开采布局发生了比较明显的变化，如图 7-3 所示。① N00 工法采用 Z 型通风系统，而传统开采方法采用 U 型通风系统；② N00 工法需要沿着采盘区边界布设边界大巷，而传统开采方法不需要；③ N00 工法在工作面回采前不需要掘进回采巷道，而传统长壁开采方法在相同条件下需要掘进两条回采巷道；④ N00 工法工作面之间不需要留设煤柱，而传统开采方法需要在工作面留设煤柱护巷；⑤ N00 工法工作面有采用卸压技术形成的自成巷，而传统开采方法则需要通过掘进的方式形成巷道[119]。

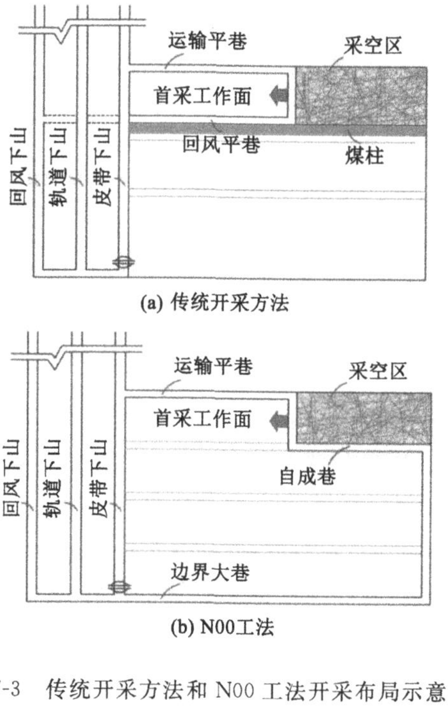

图 7-3　传统开采方法和 N00 工法开采布局示意图

7.2 工作面割煤“三机配套”技术

7.2.1 “三机配套”技术原理

传统开采条件下，采煤机无法超越刮板输送机的机头、机尾进行割煤。N00 工法通过采煤机、刮板输送机和支架系统之间的配套技术，实现了采煤机超越刮板机机尾割煤，从而为下一步留巷及最终实现采掘一体化创造了条件，如图 7-4 所示。

图 7-4 “三机配套”割煤示意图

为了实现上述功能和目标，需要对传统采煤机、刮板输送机、支架进行改造和重新配套，通过优化限位装置，增大采煤机向外运行的距离，使采煤机滚筒能够割煤的位置超越刮板输送机机尾，达到留巷设计位置。同时需要改进刮板输送机内部结构，使其机尾高度降低，从而使采煤机滚筒在极限位置割煤时，增大采煤机摇臂下摆空间，使滚筒能够割到底板位置。另外，为了将刮板输送机机尾位置割下的煤运出，还需在刮板输送机上装配可伸缩式挡煤装置和铲煤装置，阻挡落煤使其沿挡煤装置滑落至刮板输送机槽中，遗留的煤可在刮板输送机前移时，在铲煤装置作用下铲至刮板输送机槽中，最后由刮板输送机将煤运出。

7.2.2 “三机配套”工艺

由于采掘模式和采煤装备的改变，工作面回采工艺也随之发生一定程度的变化。正常的采煤主要包括割煤、装煤、运煤、支护、移架、推移刮板输送机等几个主要工序。N00 工法主要在刮板输送机机尾割煤、移架以及推移刮板输送机的工序中与传统采煤具有一定的区别。

7.2.2.1 刮板输送机机尾割煤

采煤机前滚筒正常割煤至预留设巷道的实体煤帮部位置时，停止牵引，操作采煤机前滚筒缓慢落刀至煤层底板，然后采煤机后退进行割底煤，机尾钻机支架和端头支架及时移架支护顶板，推移带有特殊铲煤装置的刮板输送机机尾。此时，预留设巷道的顶底板和实体煤帮部轮廓已形成，待后续切缝、支护等留巷工艺完成后，将形成完整巷道，采煤机截割巷道轮廓如图 7-5 所示。

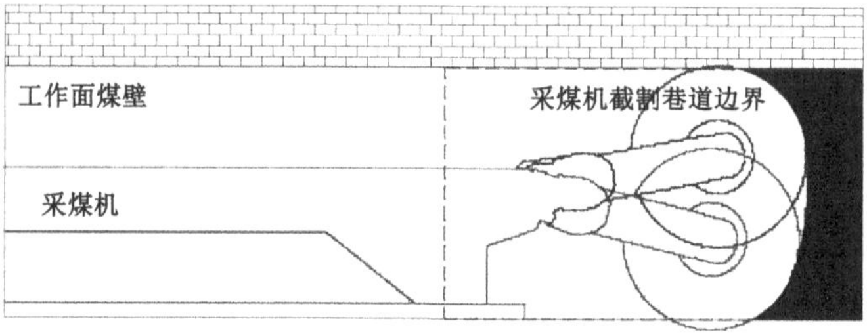

图 7-5 刮板输送机机尾割煤示意图

7.2.2.2 移架及推移刮板输送机

为直观表现 N00 工法工作面采煤、移架、推刮板输送机之间的配合方式，绘制割煤、移架、推刮板输送机工艺示意图，如图 7-6 和图 7-7 所示。

采煤机由机头向机尾割煤时，初始状态如图 7-6(a)所示。采煤机由机头向机尾运行，进行端部斜切进刀，如图 7-6(b)所示。当采煤机运行至刮板输送机直线处时，端部斜切进刀结束，然后采煤机反向割三角煤运行至端头，如图 7-6(c)所示。降前滚筒，升后滚筒，回收三角煤下侧煤体，并向前运行截割工作面煤壁，移架工追机作业滞后采煤机一定距离进行单架依次顺序式移架，直至工作面机尾处。为保证机尾留巷工艺具有充足的作业时间，斜切进刀结束并开始向机尾割煤的同时，机尾端头支架移架一次，如图 7-6(d)所示。采煤机向机尾正常割煤，同时根据采煤机运行状态及时追机移架、推刮板输送机，保证采煤机正常运行，如图 7-6(e)所示。采煤机完成从机头至机尾割煤如图 7-6(f)所示。

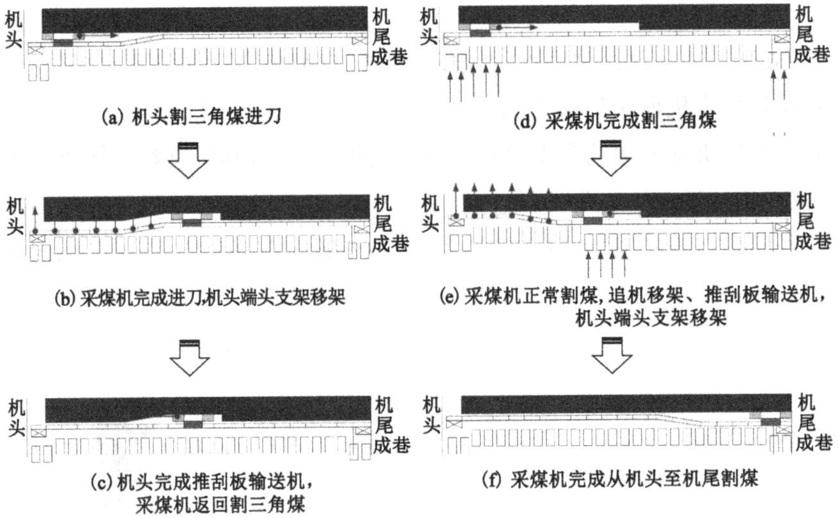

图 7-6　移架及推刮板输送机示意图(机头→机尾)

采煤机由机尾向机头割煤时，初始状态如图 7-7(a)所示。采煤机由机尾向机头运行，进行端部斜切进刀，如图 7-7(b)所示。当采煤机运行至刮板输送机直线处时，端部斜切进刀结束，采煤机反向割三角煤运行至端头，如图 7-7(c)所示。降前滚筒，升后滚筒，回收三角煤下侧煤体，并向前运行截割工作面煤壁，移架工追机作业滞后采煤机一定距离进行单架依次顺序式移架，直至工作面机头处，如图 7-7(d)所示。同时根据采煤机运行状态及时推刮板输送机，保证采煤机正常运行，如图 7-7(e)所示。采煤机完成从机尾至机头割煤如图 7-7(f)所示。

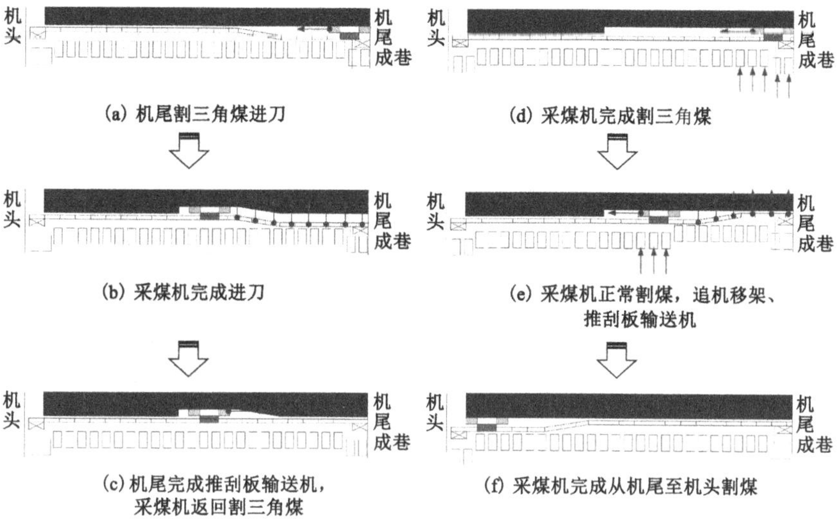

图 7-7　移架及推刮板输送机示意图(机尾→机头)

7.3　自动成巷“四机配套”技术

7.3.1　“四机配套”技术原理

当通过“三机配套”割巷技术形成巷道边界轮廓后，工作面端头部分顶板岩层在端头支架和钻机支架的支撑作用下保持稳定，此时通过配套锚索钻机及时对顶板施工恒阻大变形锚索，并采用位于钻机支架上的切缝钻机和顶板液态定向切割机(或采用双向聚能张拉成型爆破技术)对顶板实施切缝，切断采空区顶板和巷道顶板之间的应力传递，使切缝面外侧顶板岩层在矿山压力作用下沿切缝面自行垮落并充填采空区，切缝面内侧顶板在恒阻大变形锚索和切顶护帮支架等支护结构作用下保持稳定，采空区垮落下来的矸石在切顶护帮支架和可伸缩 U 型钢、金属网等挡矸支护作用下形成巷帮。因此，通过锚索钻机、切缝装备、机尾特殊支架和切顶护帮支架之间的配套技术，形成了 N00 工法巷道的采空区侧巷帮，并最终形成巷道。“四机配套”成巷示意如图 7-8 所示。

图 7-8 “四机配套”成巷示意图

为了形成巷道并使其保持稳定，通过“四机配套”技术必须实现“拉得住、切得开、下得来、护得好”的工艺目标。其中，“拉得住”是指采用恒阻大变形锚索将巷道切顶范围以内的直接顶岩层锚固到上方稳定岩层。“切得开”是指通过顶板定向切缝技术将设计切顶高度范围以内的巷道顶板和采空区顶板彻底分开，切断二者之间的应力传递，减弱巷道围岩应力集中。“下得来”是指对顶板实施切缝后，切缝面外侧采空区顶板能够在自重应力和矿山压力作用下沿切缝自行垮落，而切缝面内侧顶板仍保持稳定。“护得好”是指对采空区垮落的煤矸石提供足够的侧向支撑力，以防止其向巷内鼓出产生大变形或失稳。

7.3.2 “四机配套”工艺

“四机配套”成巷技术以“顶板定向切缝＋恒阻大变形锚索支护＋挡矸支护”为核心，首先通过顶板定向切缝，在一定范围内切断巷道顶板与采空区顶板之间的应力传递，减弱巷道围岩压力。然后利用恒阻大变形锚索进行顶板支护，控制切缝范围内的顶板下沉，保证其完整性，使所留巷道围岩能够最大限度地发挥自身承载作用，减少巷道变形。最后利用挡矸支护对采空区垮落煤矸石进行支护，防止其窜入巷道，保证留巷效果，最终使巷道成形。“四机配套”成巷工艺过程如下。

(1) 采煤机将巷道空间割出后，利用恒阻大变形锚索对该空间的顶板进行支护，如图 7-9(a)所示。恒阻大变形锚索具有在恒定支护阻力条件下产生允许范围内拉伸变形的特性，从而实现顶板切落冲击过程中变形能的有控制性释放，有效保障巷道整体稳定及支护安全。

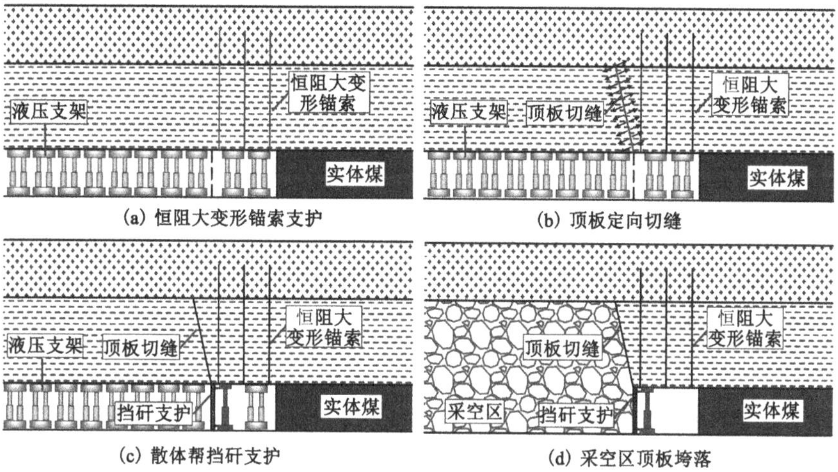

图 7-9 “四机配套”成巷工艺过程

(2) 采用顶板定向切缝装备将采空区顶板沿设计位置切落，从而切断部分巷道顶板与采空区顶板之间的应力传递，使巷道一定范围内的顶板形成短臂梁结构，进而消除采空区煤矸石垮落对巷道顶板产生的影响，使其应力环境得到改善，如图 7-9(b)所示。

(3) 紧跟工作面液压支架尾部位置，利用切顶护帮支架等挡矸支护装备对采空区垮落矸石进行挡矸支护，使其垮落后按照设计位置堆积，同时利用动压承载临时支护技术对顶板进行临时支护，如图 7-9(c)所示。

(4) 上述切缝、支护工作完成后，工作面支架前移，留巷附近的采空区顶板岩体将在切缝作用下迅速垮落并形成散体巷帮；同时，垮落后的岩体在自身碎胀特性的影响下充填采出空间，并形成对上覆岩层一定程度的支撑，从而防止上方顶板岩层产生大幅度垮断，并促使其较快形成新的平衡结构，如图 7-9(d)所示。

8 N00工法技术经济效益模型

工程项目施工技术与经济支出及收益、环境污染及保护、安全管理及投入密切相关，N00工法改变了传统采煤方式，现有技术经济效益评价方式难以适应新工法条件。本章从生产成本、安全成本和环境成本方面分析了N00工法的开采成本，从回收煤柱收益、减少巷道掘进收益和工期收益三个方面分析了增加收益。

8.1 开采成本分析

煤炭生产的传统成本一般只包含材料的消耗、设备的折旧、工人的工资等与直接生产相关的成本，一定程度上会把生产成本包含进去，但安全成本和环境成本尚未考虑。研究表明，相较于传统采煤方法，N00工法在提高煤炭开采的安全性方面和降低开采对环境造成的危害方面具有一定的优势。除此之外，煤炭现有成本体系计算出的成本相较于煤炭的实际成本偏低，严重制约煤炭企业的产业升级[120]。因此，N00工法成本分析需要从煤炭的完全成本出发，分析煤炭在生产成本、安全成本、环境成本方面的差异[121-122]。

8.1.1 生产成本构成与算法

根据N00工法和传统采煤方法的差异性和共同性，将生产成本(C_B)分为咨询设计成本(C_{zs})、巷道生产成本(C_{hj})、矸石运输费(C_{gy})、巷道维护费(C_{hw})、设备安装及回撤费(C_{ah})、设备大修理费(C_{sx})。

$$C_B = C_{zs} + C_{hj} + C_{gy} + C_{hw} + C_{ah} + C_{sx} \tag{8-1}$$

8.1.1.1 咨询设计成本(C_{zs})

煤矿在工作面开采过程中,需要根据工作面、地质环境等情况做可行性研究分析,在可行的基础上,根据工作面的具体条件和设计规范,对巷道截面尺寸、巷道支护方式、巷道工人安排等进行合理设计,以保证工作面开采的正常进行。N00 工法和传统采煤方法在咨询设计阶段主要包括可行性研究费和工程设计费。

$$C_{zs}=C_{ky}+C_{sj} \tag{8-2}$$

式中 C_{ky}——可行性研究费,元;

C_{sj}——工程设计费,元。

8.1.1.2 巷道生产成本(C_{hj})

传统采煤方法在工作面开采前需要先掘进 2 条回采巷道,并需要进行有效支护保证工作面的正常开采,在进行下一工作面开采时,需要留保护煤柱。110 工法不需要留设煤柱,可以将上一工作面掘进的巷道留下来供相邻工作面使用。N00 工法利用聚能爆破技术、NPR 恒阻锚索、装备配套等在采煤的过程中实现留巷,无须提前掘进,在工作面推进的过程中能够实现边推进边留巷。通过上述分析可以看出,传统采煤方法和无煤柱自成巷 110/N00 工法在巷道掘进量、巷道掘进费和巷道支护费用方面会有巨大的差异,因此在进行成本分析时应重点考虑采区巷道掘进费和巷道支护费,这些费用均属于巷道生产成本。巷道生产成本分别从人工费、支护材料费和设备折旧费三个方面进行详细分析。巷道生产成本计算公式如下:

$$C_{hj}=C_{rg}+C_{cx}+C_{sz} \tag{8-3}$$

式中 C_{rg}——人工费,元;

C_{cx}——支护材料费,元;

C_{sz}——设备消耗折旧,元。

(1) 人工费(C_{rg})

传统采煤方法与 N00 工法人工费的差异主要表现在掘巷量和留巷量上。传统采煤方法是掘进 2 条回采巷道,110 工法是只需在首采工作面掘进 2 条回采巷道,然后进行聚能切缝把掘进的巷道留下来供下一工作面使用，接续工作面只掘进 1 条即可。N00 工法是在开采的工程中通过配套设备直接留出巷道，无须掘进。人工费的计算公式如下：

$$C_{rg}=P_{rg}L \tag{8-4}$$

式中　P_{rg}——巷道延米人工费，元/m；

　　L——巷道长度，m。

（2）支护材料费（C_{cx}）

为保证巷道的稳定性，需要结合具体的巷道条件进行具体的设计，选择合适的巷道支护形式及特定性质的支护材料。110/N00 工法通过聚能爆破技术实现定向切缝，切断应力传递路径，从而实现了压力的释放，同时利用恒阻大变形锚索，它能提供恒定的工作阻力和稳定的变形。结合支护位置和特性，支护材料分为顶板支护材料、挡矸侧支护材料、煤帮侧支护材料、地坪支护材料、临时支护设备等。支护材料费计算公式如下：

$$C_{cx}=P_{cx}L \tag{8-5}$$

式中　C_{cx}——巷道延米材料费，元/m；

　　L——巷道长度，m。

（3）设备折旧费（C_{sz}）

传统采煤方法在巷道掘进过程中需要用到的设备主要包括巷道掘进机、锚索钻机、预应力机等；110 工法在巷道掘进过程中所采用的设备与传统采煤方法基本是一致的，无须配套专用设备。N00 工法开采的过程中需要用到 N00 专用设备，如 N00 刮板输送机系统、N00 支架系统、N00 切缝钻机等，这些设备配套实现了无须提前掘巷，在开采的同时留出巷道。传统采煤方法、110 工法和 N00 工法设备消耗的区别是巷道掘进设备的投入，N00 工法无须掘巷，在推采的工程中自动形成巷道。

根据《中华人民共和国企业所得税法实施条例》可知，配套设备属于工程机械设备，残值率为 5%。这里选择平均年限法进行折旧计算，则设备折旧费计算公式如下：

$$C_{sz}=\sum_{i=1}^{n}C_{sz}^{i} \tag{8-6}$$

式中　C_{sz}^{i}——第 i 件固定资产年折旧额。

8.1.1.3 煤矸石运输费(C_{gy})

在掘巷过程中会产生煤矸石。传统采煤方法一个工作面需要先掘出 2 条回采巷道;110 工法一个工作面只需要提前掘出 1 条回采巷道,而 N00 工法在推采的过程中自动形成巷道,不需要提前掘进,产生的煤矸石大部分会留在采空区并填充采空区。煤矸石运输费的计算公式如下:

$$C_{gy}=P_{gy}(H-h)LDl \tag{8-7}$$

式中 P_{gy}——单位运输成本,元/t;

H——巷道设计高度,m;

h——巷道平均煤层厚度,m;

L——巷道掘进长度,m;

D——巷道设计宽度,m;

l——矸石运输距离,m。

通过式(8-7)可以看出,煤矸石运输费受多个因素的共同影响。无煤柱自成巷 110/N00 工法与传统采煤方法相比,巷道掘进量减少,则需要运输的煤矸石量也会极大减少,其他影响因素情况基本一致。

8.1.1.4 巷道维护费(C_{hw})

煤矿巷道维修是保证煤矿可以进行安全生产不可缺少的环节,如果巷道在开采的过程中出现问题,那么不仅会影响煤矿正常进行安全生产,而且会影响与煤矿生产有关的工人的生命安全。鉴于 N00 工法的技术优势,其巷道变形量、维护次数、维护量都会大幅度减少,在保证煤矿正常生产和煤矿工人安全的同时,巷道维护费会一定比例地减少。

$$C_{hw}=P_{hw}L \tag{8-8}$$

式中 P_{hw}——巷道延米维护费用,元/m;

L——巷道长度,m。

8.1.1.5 设备安装及回撤费(C_{ah})

在工作面开采和巷道掘进过程中都要对大型设备进行安装和运输等,工作面回采完成后需要对各种设备进行回撤,然后进行下一工作面的开采。无论是对于 N00/110 工法,还是对于传统采煤方法,设备安装及回撤费基本不存在成本上的差别。

8.1.1.6 设备大修理费(C_{sx})

煤炭开采过程中需要用到的设备很多，设备在正常运行一定时间后，一般要进行全面的检查，对需要更换的部位进行系统修理。因此设备大修理费也应包含进工作面开采的成本中。

经过上述分析得到煤炭开采的生产成本构成如表 8-1 所列。

表 8-1 煤炭开采的生产成本构成

项目	一级	二级
生产成本	咨询设计成本	可行性研究
		工程设计
	巷道生产成本	人工费
		支护材料费
		设备折旧费
	矸石运输费	
	巷道维护费	
	设备安装及回撤费	
	设备大修理费	

8.1.2 安全成本构成与算法

安全成本主要是指在生产过程中为保护采煤工人、机械设备、保证正常施工的安全支出。安全成本的计算公式如下：

$$C_S = C_{yf} + C_{ss} + C_{cs} \tag{8-9}$$

式中 C_S——安全成本，元；

C_{yf}——安全预防费，元；

C_{ss}——安全损失费，元；

C_{cz}——安全处置费，元。

8.1.3 环境成本构成与算法

在生态环境方面，110/N00 工法与传统采煤方法最大的区别在于减少巷道掘进过程中的矸石外排，降低非均匀沉降，减少地下水污染等。采用环境成本来表述 N00 工法的上述优势，其主要包括环境损失成本和环境处置成本。

$$C_E = C_{hs} + C_{ch} \tag{8-10}$$

式中 C_E——环境成本，元；

C_{hs}——环境损失费，元；

C_{ch}——环境处置费，元。

8.1.3.1 环境损失费(C_{hs})

在煤炭开采过程中，必然会造成生态环境成本损失，例如矸石污染、水污染、地表沉降等，即对水资源、大气和土地资源的破坏。书中将环境损失费分为水资源破坏成本、大气污染成本和土地污染成本。环境损失成本计算公式如下：

$$C_{hs} = C_{wp} + C_{gp} + C_{lp} \tag{8-11}$$

（1）水资源破坏成本(C_{wp})

$$C_{wp} = P_{wp} V_{wp} Q \tag{8-12}$$

式中 P_{wp}——每立方米水资源破坏成本，元/m^3；

V_{wp}——吨煤水资源破坏量，m^3/t；

Q——煤炭采出量，t。

（2）大气污染成本(C_{gp})

$$C_{gp} = P_{gp} \frac{Q_{gp}}{T_{gp}} \tag{8-13}$$

式中 P_{gp}——每污染当量征收成本，元/t；

T_{gp}——污染当量值，kg；

Q_{gp}——排放量，kg。

（3）土地污染成本(C_{lp})

$$C_{lp} = P_{lp} Q \beta \tag{8-14}$$

式中　P_{lp}——吨煤重金属污染成本，元/t；

Q——煤炭采出量，t；

β——土地污染影响度系数。

8.1.3.2　环境处置费（C_{hc}）

环境处置成本是修复因煤矿开采遭到破坏而支付的费用，包括煤矸石处理费、搬迁补偿费、环境修复费。

$$C_{hc}=C_{gc}+C_{bq}+C_{hx} \tag{8-15}$$

（1）煤矸石处理费（C_{gc}）

$$C_{gc}=P_{gc}T \tag{8-16}$$

式中　P_{gc}——吨煤煤矸石处理成本，元/t；

T——煤矸石排出量，t。

（2）搬迁补偿费（C_{bq}）

搬迁补偿费是由于煤矿开采对当地环境产生较大影响，影响当地人的正常生产和生活而作出的补偿，主要包括搬迁补偿费、土地补偿费、人员搬迁费、移民安置费、房屋补偿费、树木补偿费和坟墓补偿费等，为方便计算，这里选用综合搬迁补偿费，计算公式如下：

$$C_{bq}=P_{bq}S_{bq} \tag{8-17}$$

式中　P_{bq}——每亩综合搬迁补偿费，元/亩；

S_{bq}——矸石排出量，亩。

（3）环境修复费（C_{hx}）

环境修复费主要是指煤矿开采必然会对区域范围内的生态环境造成破坏，为了保持生态环境可持续发展，需要对破坏严重、超过生态自我修复能力的影响区域进行人为的环境修复所投入的成本。环境修复费计算公式如下：

$$C_{hx}=P_{hx}Q \tag{8-18}$$

式中　P_{hx}——吨煤环境修复成本，元/t；

Q——煤炭采出量，t。

经过上述分析得到煤炭开采的环境成本构成如表 8-2 所列。

表 8-2　煤炭开采的环境成本构成

项目	一级	二级
环境成本	环境损失费	水资源破坏成本
		大气污染成本
		土地污染成本
	环境处置费	矸石处理费
		搬迁补偿费
		环境修复费

8.2　开采收益分析

N00 工法的整体收益计算比较简单，与传统开采方法相比，其增加的收益主要表现在回收煤柱收益、减少巷道掘进收益和工期收益三个方面。

8.2.1　开采收益(*B*)

$$B=C_{sj}Q \tag{8-19}$$

式中　C_{sj}——吨煤售价，元/t；

Q——煤炭采出量，t。

8.2.2　增加收益(B_{zy})

$$B_{zy}=B_{mz}+B_{sj}+B_{gq} \tag{8-20}$$

（1）回收煤柱收益(B_{mz})

$$B_{mz}=P_{mz}Lh\rho d \tag{8-21}$$

式中　P_{mz}——吨煤成本，元/t；

L——工作面推进长度，m；

h——平均煤厚，m；

ρ——煤层密度，t/m^3；

d——正常区段留设煤柱宽度，m。

(2) 减少巷道掘进收益(B_{sj})

$$B_{sj}=P_{ym}LHD \tag{8-22}$$

式中 P_{ym}——巷道掘进成本，元/m^3；

L——工作面推进长度，m；

H——巷道高度，m；

D——巷道宽度，m。

(3) 工期效益(B_{gq})

110 工法只需提前掘出 1 条巷道，N00 工法则实现了无须提前掘进巷道，而传统采煤方法，一个工作面需要提前掘进 2 条巷道。110/N00 工法解决了在煤矿开采过程中一直存在的采掘接替紧张的问题，节约工作面开采准备时间，极大地缩短工作面的开采周期，提高了开采效率，减少了巷道的维护成本，有效节约了资金成本。

8.3 开采技术经济效益模型

N00 工法开采技术经济效益模型的核心思想是“效益＝收益－成本”。从煤炭开采全成本的角度对 N00 工法开采进行成本分析，包括生产成本、安全成本、环境成本三部分，以往对开采成本的分析，主要是围绕生产成本，为了更加全面地理解 110/N00 工法与传统采煤方法的成本差异以及带来的影响，将其安全成本和环境成本也纳入成本计算中。110/N00 工法与传统采煤方法相比，不仅减少了巷道掘进量，还可以将保护煤柱开采出来，提高了工作面的回采率，同时 110/N00 工法由于掘进量减少，甚至 N00 工法无须掘巷，工期效益明显。煤炭开采成本收益构成如表 8-3 所列，技术经济效益计算公式如下：

$$I=B-C \tag{8-23}$$

表 8-3 煤炭开采成本收益构成

项目	一级	二级	三级
成本	生产成本	咨询设计成本	可行性研究
			工程设计
		巷道生产成本	人工费
			支护材料费
			设备折旧费
		矸石运输费	
		巷道维护费	
		设备安装及回撤费	
		设备大修理费	
	安全成本	安全预防费	
		安全损失费	
		安全处置费	
	环境成本	环境损失费	水资源破坏成本
			大气污染成本
			土地污染成本
		环境处置费	煤矸石处理费
			搬迁补偿费
			环境修复费
收益	开采收益		
	增加收益	回收煤柱收益	
		减少巷道掘进收益	
		工期效益	

9　N00工法开采效益综合评价模型

对N00工法综合效益进行评价，评价指标体系的建立和评价方法的选取至关重要。本章从经济效益、安全效益、环境效益和社会效益四个方面建立综合效益评价指标体系，并建立AHP-灰色关联的综合效益评价模型。

9.1　评价指标的选取

9.1.1　经济效益指标

(1) 吨煤成本

吨煤成本可以反映煤炭开采技术控制成本的水平，可以衡量企业经营效率和煤炭开采技术的优良。吨煤成本受众多因素的影响，但在同一矿井条件下比较不同工法的吨煤成本，可以很好地比较煤炭开采技术的效益水平。

(2) 原煤产量

从原煤产量上可以直观地看出在N00/110工法下增加的煤炭开采产量，经济效益最根本的来源还是原煤产量。原煤产量越高，其产生的经济效益越明显。如果是同一工作面，原煤产量从侧面也反映出资源的浪费情况。

(3) 工期投入

工期投入对于项目效益有着十分重要的影响，从巷道掘进布置到最终开采完成回撤工作标示着这一工作面的开采工作完成。同一工作面开采完成需要的工期投入越短，意味着投入相同时间产生的经济效益越明显，工期是评价效益产出的一个重要指标。传统采煤方法需要先掘出 2 条回采巷道才能进行工作面的回采；110 工法则实现了 1 个工作面只需要掘进 1 条回采巷道；在 110 工法的基础上，N00 工法实现了无须提前掘进巷道，则可以直接进行工作面的回采，极大地减少了工期投入，同时也解决了工作面接续紧张的问题。

（4）采区回采率

采区回采率是指实际采出煤量占采区可以动用储量的比重，整个采区的煤量损失主要就是留设保护煤柱的损失。采区回采率越高，说明损失的煤量就越少，采出的煤就越多，煤矿效益越明显。高采区回采率是通过先进的采煤工艺实现的，作为 N00 工法开采效益分析一个十分重要的指标。比较传统采煤方法、110 工法和 N00 工法的采区回采率，哪一种采煤方法的采区回采率越高，则说明该方法更加先进。

（5）万吨煤掘进率

传统煤炭开采需要先在采区掘进巷道，巷道布置完成以后才能进行工作面的开采，是煤炭开采的重要工作环节。在掘进巷道过程中需要消耗大量的人力、物力、财力和时间，万吨煤掘进率越低，煤矿的开采成本越低，经济效益越好，但是万吨煤掘进率过低会造成采掘关系失调。对不同开采技术工艺的经济效益进行评价中，万吨煤掘进率的高低反映经济效益的好坏。

（6）实际投资利润率

煤炭开采技术的实际投资利润率是指在采用煤炭开采技术进行开采取得的年利润总额与煤炭开采技术总投资的比。实际投资利润率是依据存在的会计核算资料计算得出的，可以客观比较 N00/110 工法与传统采煤方法的投资收益，体现出无煤柱开采的投资效率，指标值越大，其经济效益越好。

综上分析，得到 N00 工法开采效益评价的经济效益指标如表 9-1 所列。

表 9-1　经济效益指标

一级指标	二级指标
经济效益	吨煤成本
	原煤产量
	工期投入
	采区回采率
	万吨煤掘进率
	投资利润率

9.1.2　安全效益指标

(1) 巷道维护度

巷道维护度指标体现了由于巷道严重变形而进行维护的频率。巷道变形维护的频率越高,发生安全事故的概率越大。

(2) 煤矿百万吨轻伤率

煤矿百万吨轻伤率是指每生产一百万吨煤炭的轻伤人数,煤矿轻伤是井下作业人员的劳动能力受到轻度的伤害。百万吨死亡率一直作为考核企业安全生产的重要指标,但很少将轻伤率考虑进去作为安全评价的指标。比较 N00/110 工法与传统采煤方法的安全效益时,煤矿百万吨轻伤率能够体现出日常开采中安全的情况。随着国家和煤炭企业对煤炭安全开采的重视,出现死亡的事故极少发生,但是在煤炭开采的过程中,出现轻伤的事故还是相对比较多的。因此,在评价安全效益时,选择煤矿百万吨轻伤率作为评价指标更能直观地看出三种采煤方法中哪一种的安全性更好。

(3) 煤矿百万吨重伤率

煤矿百万吨轻伤率是指每生产一百万吨煤炭的重伤人数,煤矿重伤是井下作业人员伤势严重需要进行手术等的伤害。从轻伤率、重伤率、死亡率不同受伤程度出发,对 N00/110 工法与传统采煤方法的安全效益进行评价,可以全面反映出煤炭开采工法的安全性。

(4) 煤矿百万吨死亡率

煤矿百万吨死亡率是指每生产一百万吨煤炭的死亡人数。煤矿安全事故给员工带来很大影响，给国家造成重大的经济损失，国家重视员工的生命财产安全，设置百万吨死亡率这一允许的红线。煤炭开采技术的创新和变革，重点应该考虑的就是安全问题。

(5) 职业发病率

在煤炭企业中，职业危害因素有粉尘、有害气体等，长期在这样对身体有害的条件下工作引发疾病的概率会很大。职业发病率可以很好地反映长期条件下煤炭开采工法对工人安全的影响。

综上分析，得到 N00 工法开采效益评价的安全效益指标如表 9-2 所列。

表 9-2　安全效益指标

一级指标	二级指标
安全效益	巷道维护度
	煤矿百万吨轻伤率
	煤矿百万吨重伤率
	煤矿百万吨死亡率
	职业发病率

9.1.3　环境效益指标

N00 无煤柱自成巷开采工艺符合生态文明建设的要求，在煤矸石排放量、地表裂缝度、采空区塌陷度、水资源破坏率、土地侵蚀程度等方面具备环保优势。

(1) 煤矸石排放量

煤矸石的排放对地表水、地下水、土壤、空气质量等整个生态环境都有严重的危害。例如，雨水对煤矸石的冲刷导致 Pb、Sn 等有毒重金属元素进入水土中，煤矸石自燃释放 SO_2、CO 等有害气体对空气质量产生影响等。煤矸石排放量越大，则对环境的污染程度越高，N00 工法在减少煤矸石排放方面具备显著优势。

（2）地表裂缝度

地表裂缝一般会出现在地表下沉的边缘处，对地形地貌有相当大的破坏，同时还会对地表建筑物和地下围岩含水结构造成破坏。煤炭开采导致的地表裂缝越小，对地下较深结构的破坏越小，对生态结构的影响越小；反之，如果地表裂缝过大，则可能对生态产生不可修复的破坏[123-132]。

（3）采空区塌陷度

采空区塌陷度是指煤层开采后，根据开采条件和地质条件的不同，地表会在较短时间内发生剧烈的塌陷，塌陷速度越快，对地表生态的破坏越剧烈。N00 工法根据岩石的碎胀系数进行设计切顶，随着开采的进行，采空区掉落的碎石可以很好地填充采空区，地表不会发生剧烈的地表沉陷，对地表生态的影响很小。采空区塌陷度用地表塌陷深度与采空区煤层开采高度的比值进行表示。

（4）水资源破坏率

煤炭开采对矿区水系统生态产生较大的破坏，影响最为明显的是地表水，不仅影响地表动植物以及灌溉，而且对矿区职工居民用水产生严重影响。因此选择水资源破坏率这一指标来反映 N00/110 工法与传统采煤方法在进行煤炭开采时对矿区水资源的影响程度。

（5）土地侵蚀程度

煤炭开采对地表植物的生存环境造成严重的损害，矸石的排放、裂缝的存在都在一定程度上加深了对土地的侵蚀程度。煤炭开采对土地的侵蚀危害是十分巨大的，地表的植被、庄稼、生存于土壤中的各种生物与微生物等都会受到或多或少的影响。

综上分析，得到 N00 工法开采效益评价的环境效益指标如表 9-3 所列。

表 9-3 环境效益指标

一级指标	二级指标
环境效益	煤矸石排放量
	地表裂缝度
	采空区塌陷度
	水资源破坏率
	土地侵蚀程度

9.1.4 社会效益指标

(1) 增加就业指数

煤炭生产为当地提供了大量的就业岗位,煤炭开采工法的革新实现了煤炭产量的大幅度提高,需要的技术人员、管理人员和工人一定程度上有相应的增加,促进了当地的就业。N00 工法的普及和应用,也会为煤炭相关行业提供大量的就业岗位,不仅能够使劳动者有工作可做,而且可以促进地方和社会的发展。

(2) GDP 增长率

社会效益评价的出发点应该是国家和社会的角度,GDP 是国民收入核算体系中一个基本指标,反映了国家和地区的经济增长水平。采用 GDP 增长率对 N00 工法的社会效益进行评价,可以衡量该工法对地区的经济贡献程度。

(3) 社会贡献率

社会贡献率反映企业对社会的贡献程度,对 N00 工法进行分析,反映出煤炭开采革新对于社会的重要性。

(4) 矿区居民患病率

随着国家越来越重视煤炭开采的科学发展和煤炭开采的社会发展效果,在社会效益评价方面,不仅要对地区的就业率、居民收入、GDP 增长率等指标对社会发展有利的正面影响进行评价,还要对其对居民房屋的完好度、职工的满意度、当地居民的健康发病情况产生负面影响的程度进行评价。矿区居民患病率反映出煤炭开采长期条件下对于矿区居民的健康影响。

(5) 煤炭工业对地方发展的促进度

煤炭工业对地方的发展具有显著的促进作用。煤炭工业不仅包括煤炭开采业,而且包括与其相关的煤炭物流、上下游物资供应链等,其对于带动就业、保持GDP高速稳定发展、提高地区发展水平具有重要价值。

综上分析,得到N00工法开采效益评价的社会效益指标如表9-4所列。

表9-4　社会效益指标

一级指标	二级指标
社会效益	增加就业指数
	GDP增长率
	社会贡献率
	矿区居民患病率
	煤炭工业对地方发展的促进度

9.1.5　综合效益指标体系

根据上述从经济效益、安全效益、环境效益和社会效益等方面的分析,得到N00工法开采综合效益评价指标体系如表9-5所列。

表9-5　N00工法开采综合效益评价指标体系

一级指标	二级指标
经济效益(6)	吨煤成本
	原煤产量
	工期投入
	采区回采率
	万吨煤掘进率
	投资利润率

表 9-5（续）

一级指标	二级指标
安全效益(5)	巷道维护度
	煤矿百万吨轻伤率
	煤矿百万吨重伤率
	煤矿百万吨死亡率
	职业发病率
环境效益(5)	煤矸石排放量
	地表裂缝度
	采空区塌陷度
	水资源破坏率
	土地侵蚀程度
社会效益(5)	增加就业指数
	GDP 增长率
	社会贡献率
	矿区居民患病率
	煤炭工业对地方发展的促进度

9.2 开采效益综合评价模型

9.2.1 层次分析法

(1) 构造层次结构

构造层次结构主要是将评价对象细化为多个层次，同一层相互独立，一般分为目标层、准则层和指标层。首先，需要对 N00 工法的综合效益评价进行条理化分层，目标层为 N00 工法开采综合效益，准则层为经济效益、安全效益、环境效益和社会效益 4 个层面，本书共设置了 21 个具体指标。

(2) 构造判断矩阵

构造层次结构后，将建立的同一层次的指标进行两两相互的比较，得出判断矩阵如表 9-6 所列。

表 9-6　判断矩阵表

A_k	B_1	B_2	…	B_n
B_1	b_{11}	b_{12}	…	b_{1n}
B_2	b_{21}	b_{22}	…	b_{2n}
⋮	⋮	⋮	⋮	⋮
B_n	b_{n1}	b_{n1}	…	b_{nn}

上述各元素赋值，通常采用 1～9 标度法。

(3) 权重计算

$$M_i = \frac{\overline{M_l}}{\sum_{i1}^{n} \overline{M_l}} \tag{9-1}$$

其中，$\overline{M_l} = \sqrt[n]{\prod_{j=1}^{n} b_{ij}}$ 。

判断矩阵最大特征根 $\lambda_{\max}$ 如下：

$$\lambda_{\max} = \sum_{i=1}^{n} \frac{(\boldsymbol{AM})_i}{n \cdot M_i} \tag{9-2}$$

式中　$(\boldsymbol{AM})_i$——向量 $\boldsymbol{AM}$ 的第 i 个因素。

(4) 一致性检验

一致性检验用于判定计算出的指标权重是否有效，避免判断过程中存在逻辑错误和矛盾，保证结果准确。一致性检验步骤如下。

首先，根据判断矩阵计算一致性指标 CI，公式如下：

$$\mathrm{CI} = \frac{\lambda_{\max} - n}{n - 1} \tag{9-3}$$

然后，计算随机一致性比率 CR：

$$CR=\frac{CI}{RI} \tag{9-4}$$

其中，当 CR<0.10 时，认为判断矩阵具有一致性。如果一致性检验结果大于 0.10 时，判断矩阵不具有一致性，最可能的原因是，重要性比较的指标比较多，专家在对某些指标间的重要性程度比较具有一定的偏差，这时需要对专家问卷进行详细审查。一致性比率值很大，则结果视为无效的。RI 值由表 9-7 查得。

表 9-7 平均随机一致性指标

n	1	2	3	4	5	6	7	8	9
RI	0	0	0.58	0.90	1.12	1.24	1.32	1.41	1.45

9.2.2 灰色关联度法

灰色关联度法是一种统计学分析方法，可以分析不同项目之间存在的不明确的联系[133-134]。学者基于灰色关联度法的特点，评价项目的优劣。崔益嘉[135]在考虑煤炭资源开采特点、吨煤成本和资源回收率的基础上，结合灰色理论，建立了基于灰色理论的经济效益后评价模型，验证了该模型评价具有较高客观性、准确性和合理性。龙如银[136]基于灰色关联分析的原理，根据建立的煤炭企业经济效益指标，构造参考数列，计算得出各企业经济效益的优劣度，使得效益评价更加全面客观。为了更加突出 N00 工法的特点和优势，需要与其他工法进行对比分析，而灰色关联度法可以很好地将三种工法关联起来，对其进行优劣评价分析。灰色关联度法分析步骤如下。

(1) 构造数据矩阵

$$\boldsymbol{X}=\begin{bmatrix} C_1^0 & C_2^0 & \cdots & C_m^0 \\ C_1^1 & C_2^1 & \cdots & C_m^1 \\ \vdots & \vdots & \vdots & \vdots \\ C_1^n & C_2^n & \cdots & C_m^n \end{bmatrix} \tag{9-5}$$

其中，C_k^0 是参考数列，是将建立的指标体系中最优的选择出来。首先应判断指标是正指标还是负指标，正指标的数值越大越优，负指标的数值则越小越优。其他行 C_k^i 则是具体评价对象的实际数值。

（2）标准化处理

建立的各指标由于量纲不同，有的指标数值很大，也有的指标数值很小，为了减小不同指标绝对数值的差异，进行无量纲化处理，即数值的标准化处理，重点关注其变化和趋势。标准化处理的公式如下：

$$c_k^i = \frac{x_k^i}{\overline{x}_k^i} \tag{9-6}$$

式中：$\overline{x}_k^i$ 指所有元素的平均值；x_k^i 指不同元素；c_k^i 为无量纲化得到的 k 列各元素。

（3）关联系数计算

$$\alpha_i^{(k)} = \frac{\min_i \min_k |c_k^0 - c_k^i| + \rho \max_i \max_k |c_k^0 - c_k^i|}{|c_k^0 - c_k^i| + \rho \max_i \max_k |c_k^0 - c_k^i|} \tag{9-7}$$

式中　ρ——分辨系数，取值范围为 0.1～1.0；

$\alpha_i^{(k)}$——第 k 个指标的关联系数；

$\min_i \min_k |c_k^0 - c_k^i|$——标准化下第 k 列参考序列值与数据差值的最小值；

$\max_i \max_k |c_k^0 - c_k^i|$——标准化下第 k 列参考序列值与数据差值的最大值。

（4）关联度分析

关联度分析是将上面求得的指标体系中的各个因素在不同层次上的关联系数进行均值计算，公式如下：

$$R_i = \frac{1}{n}\sum_{k=1}^{m} P_k \alpha_i^{(k)} \tag{9-8}$$

式中　P_k——各指标权重。

根据关联度分析得出的计算结果，对 N00 工法、110 工法和传统采煤方法的关联度进行从大到小的排序，哪一种工法的关联度值越高，则该工法的综合效益更加突出。

10　柠条塔煤矿技术经济效益分析

本章基于前述内容，以柠条塔煤矿S1201传统开采工作面、S1201-Ⅰ无煤柱自成巷110工法开采工作面、S1201-Ⅱ无煤柱自成巷N00工法开采工作面为工程背景，计算相对应的技术经济效益并进行对比分析，以期对相关工程分析提供借鉴。

10.1　柠条塔煤矿工作地质与开采条件

柠条塔煤矿S1201工作面采用传统开采方式，井下位于南翼2-2煤西大巷北侧。煤层厚度为3.95～4.45 m，平均煤层厚度为4.17 m；工作面走向长度为3 010.3 m，倾向长度为295 m。留巷位置为S1201胶运平巷，留巷长度为800 m。在下一S1201-Ⅰ工作面开采到留巷位置处，留巷800 m长度的保护煤柱可以取出来。对110工法技术经济效益的计算分析，按照此工作面的实际应用情况分析。

柠条塔煤矿S1201-Ⅰ工作面为110工法工作面，井下位于S1201工作面采空区西侧，煤层厚度为3.95～4.45 m，平均煤层厚度为4.17 m；工作面走向度为2 739 m，倾向长度为295 m。柠条塔煤矿S1201-Ⅰ工作面在0～1 939 m仍采用传统采煤方法开采，工作面剩余800 m在S1201胶运平巷已经预先切缝留巷。

柠条塔煤矿S1201-Ⅱ工作面为N00工法工作面，位于2-2煤层，工作面倾向长度为280 m，走向长度为2 344 m，煤层厚度为3.81～4.35 m，煤层平均厚度为4.11 m。

工作面及巷道布置如图10-1所示。

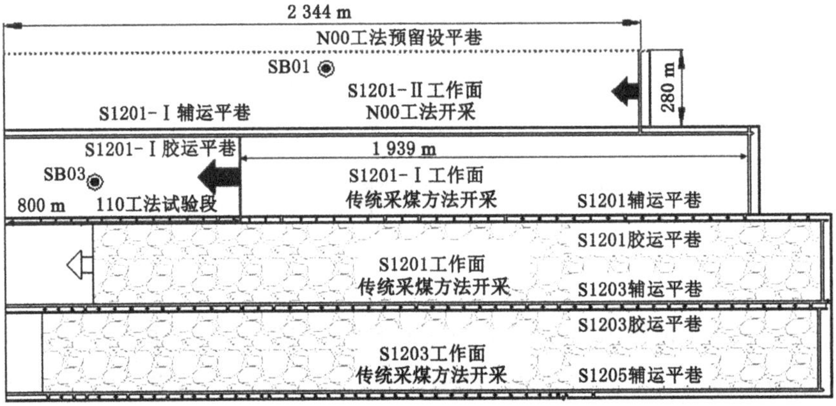

图 10-1　工作面及巷道布置示意图

10.2　柠条塔煤矿 N00 工法成本效益分析

10.2.1　柠条塔煤矿 N00 工法成本计算分析

10.2.1.1　生产成本计算分析

1. 咨询设计成本(C_{zs})

柠条塔煤矿 S1201-Ⅱ工作面首次采用 N00 工法，根据国家发展和改革委员会、住房和城乡建设部联合发布的《2020 国家工程设计收费标准》，N00 工法的咨询设计成本如下：

$$C_{zs}=C_{ky}+C_{sj}=22+245$$
$$=267(万元)$$

2. 巷道生产成本(C_{hj})

(1) 人工费(C_{rg})

柠条塔煤矿 S1201-II 工作面在留巷过程中采用三班制，平均每班 15 个人工，每月共计 1 350 个人工，每人工资月平均为 12 000 元，工作面每月推采 155 m，延米人工费 3 484 元，则人工费为：

$$C_{rg}=P_{rg}L=3\ 484\times 2\ 344=8\ 166\ 496(\text{元})$$
$$\approx 816.65(\text{万元})$$

(2) 支护材料费(C_{cx})

柠条塔煤矿 S1201-Ⅱ工作面留巷过程中,结合支护位置和特性,一般分为顶板切缝材料、顶板支护材料、挡矸侧支护材料、煤帮侧支护材料、地坪支护材料、临时支护设备,得出延米支护材料费为 5 739 元/m,则支护材料费为:

$$C_{cx}=P_{cx}L=5\ 739\times 2\ 344=13\ 452\ 216(\text{元})$$
$$\approx 1\ 345.22(\text{万元})$$

(3) 设备折旧费(C_{sz})

柠条塔煤矿 S1201-Ⅱ工作面两年基本开采完成,根据式(8-6)对柠条塔煤矿 N00 工法开采设备进行折旧计算,设备折旧费约为 1 842.71 万元,如表 10-1 所列。

表 10-1 设备购置费清单

	设备名称	数量	价格/万元	使用年限/a	2 年折旧费/万元
1	机尾过渡支架	3	234.72	5	89.193 6
2	机尾端头支架	3	295.92	5	112.449 6
3	机尾钻机支架	1	101.43	5	38.543 4
4	机尾切顶护帮支架	1	582.85	5	221.483 0
5	刮板输送机	1	2 620.05	10	497.809 5
6	变频控制系统	1	1 344.56	5	510.932 8
7	切缝钻机	2	681.41	10	129.467 9
8	N00 智能锚索钻机	6	912.60	10	173.394 0
9	N00 液态定向切缝机	1	166.70	10	31.673 0
10	液体水切割机	1	82.74	10	15.720 6
11	单轨吊设备	1	58.00	5	22.040 0
12	总计		7 080.98		1 842.707 4

通过对上述柠条塔煤矿巷道人工费、支护材料费和设备折旧费的分析，得出柠条塔煤矿 S1201-Ⅱ工作面巷道生产成本计算如下：

$$C_{hj}=C_{rg}+C_{cx}+C_{sz}=816.65+1\ 345.22+1\ 842.71$$
$$=4\ 004.58(万元)$$

3. 煤矸石运输费(C_{gy})

柠条塔煤矿 S1201-Ⅱ工作面不需要提前掘进巷道，巷道设计断面尺寸是宽 6.2 m、高 3.0 m。由于柠条塔煤矿平均煤层厚度为 4.11 m，在留巷的过程中基本无煤矸石的产出，工作面产出测算煤矸石排出量为 6.41 万 t，则煤矸石运输费为：

$$C_{gy}=P_{gy}ql=1.71\times6.41\times5.5$$
$$\approx60.29(万元)$$

4. 巷道维护费(C_{hw})

柠条塔煤矿 S1201-Ⅱ工作面留巷形成的巷道，成为下一工作面的巷道，不需要等待，可以直接利用。由于切缝阻断压力的传递，使得巷道的维护成本降低。取巷道延米维护费用为 585.9 元/m，则巷道维护费为：

$$C_{hw}=P_{hw}L=585.9\times2\ 344=1\ 373\ 349.6(元)$$
$$\approx137.33(万元)$$

5. 设备安装及回撤费(C_{ah})

根据柠条塔煤矿 S1201-Ⅱ工作面实际情况测算，得出设备安装及回撤费为 3 000 万元。

6. 设备大修理费(C_{sx})

根据柠条塔煤矿 S1201-Ⅱ工作面实际情况测算，得出设备大修理费为 1 900.70 万元。

根据上述分析，柠条塔煤矿 S1201-Ⅱ工作面采用 N00 工法的生产成本为：

$$C_B=267+4\ 004.58+60.29+137.33+3\ 000+1\ 900.70$$
$$=9\ 369.90(万元)$$

10.2.1.2 安全成本计算分析

根据财政部、国家发展和改革委员会、国家煤矿安全监察局发布的

《煤炭生产安全费用提取与使用管理办法》和柠条塔煤矿 S1201-Ⅱ工作面开采过程的实际情况，安全成本为：

$$C_S = C_{yf} + C_{ss} + C_{cs} = 451.2 + 267.9 + 155.1$$
$$= 874.2(万元)$$

10.2.1.3 环境成本计算分析

1. 环境损失费(C_{hs})

(1) 水资源破坏成本(C_{wp})

结合柠条塔煤矿地质条件且采用 N00 工法可以很好地填充采空区，现场地表沉降和裂隙较传统小，并参考郭晴[137]所做的研究，取吨煤破坏水资源量为 2.2 m^3，根据《陕西省水资源费征收标准执行表》《排污费征收标准管理办法》，并考虑开采过程中对水资源造成一定程度的永久破坏，取柠条塔煤矿的每立方米水资源破坏成本为 2.5 元，则水资源破坏成本为：

$$C_{wp} = P_{wp} V_{wp} Q = 2.5 \times 2.2 \times 282$$
$$= 1\,551(万元)$$

(2) 大气污染成本(C_{gp})

《排污费征收标准管理办法》规定，每污染当量征收标准为 0.60 元，各自污染当量值如表 10-2 所列。大气污染物的减排量只是在开采过程中和煤矸石堆放自燃产生的数量，不包括煤炭本身燃烧或他用产生的污染物的数量，其中柠条塔煤矿煤矸石的自燃率约为 5%，根据元素平衡法和测算得出减排量。柠条塔煤矿采用 N00 工法开采 S1201-Ⅱ工作面的大气污染成本为 284.77 万元(见表 10-2)。

表 10-2 大气污染物排放当量

污染物	污染当量值/kg	减排量/t	污染成本/万元
CO 排放量	16.70	512.0	1.84
SO_2 排放量	0.95	4397.5	277.74
烟尘排放量	2.18	65.1	1.79
煤尘排放量	4.00	226.6	3.40

(3) 土地污染成本(C_{lp})

根据土地污染对植被和农田造成的影响，以及张超[138]对陕西榆林煤炭污染的测算，取吨煤对土地污染的成本为 11.49 元，现场地表沉降和地表裂缝的情况较传统采煤方法开采良好，取土地污染影响度系数为0.95，则土地污染成本为：

$$C_{lp}=P_{lp}Q\beta=11.49\times282\times0.95$$
$$\approx3\ 078.17(万元)$$

根据上述计算分析，环境损失费为：

$$C_{hs}=C_{wp}+C_{gp}+C_{lp}=1\ 551+284.77+3\ 078.17$$
$$=4\ 913.94(万元)$$

2. 环境处置费(C_{hc})

(1) 煤矸石处理费(C_{gc})

柠条塔煤矿吨煤煤矸石处理成本为 12.5 元，则煤矸石处理费为：

$$C_{gc}=P_{gc}T=12.5\times6.41$$
$$\approx80.13(万元)$$

(2) 搬迁补偿费(C_{bq})

根据《柠条塔矿井村庄搬迁补偿统计表》，每亩综合搬迁补偿费为 7.39 万元，则搬迁补偿费为：

$$C_{bq}=P_{bq}S_{bq}=7.39\times105\times0.95$$
$$\approx737.15(万元)$$

(3) 环境修复费(C_{hx})

柠条塔煤矿吨煤环境综合修复费为 10.58 元，包含植被恢复、土地沉陷恢复等生态环境修复，则环境修复费为：

$$C_{hx}=P_{hx}Q=10.58\times282$$
$$=2\ 983.56(万元)$$

根据上述计算分析，环境处置费为：

$$C_{hc}=C_{gc}+C_{bq}+C_{hx}=80.13+737.15+2\ 983.56$$
$$=3\ 800.84(万元)$$

根据上述 110/N00 工法与传统采煤方法开采环境效益的特征分析，

煤矿开采的环境成本包括环境损失费和环境处置费。因此环境成本计算如下：

$$C_E = C_{hs} + C_{hc} = 4\ 913.94 + 3\ 800.84 = 8\ 714.78(\text{万元})$$

10.2.2 柠条塔煤矿 N00 工法效益计算分析

110/N00 工法与传统采煤方法相比，在效益核算的过程中，其收益主要表现在回收煤柱和减少巷道掘进的收益。柠条塔煤矿 S1201-Ⅱ工作回采完毕，累计生产原煤 307 万 t，按照当前煤炭售价 430 元/t 计算，可产生经济价值 132 010 万元。

（1）回收煤柱收益（B_{mz}）

按照当前煤炭售价 430 元/t 计算，柠条塔煤矿多回收煤柱量为 25 万 t，则回收煤柱收益为：

$$B_{mz} = P_{mz} L h \rho d = 430 \times 2\ 344 \times 4.11 \times 1.3 \times 20 = 107\ 706\ 331.2(\text{元}) \approx 10\ 770.63(\text{万元})$$

（2）减少巷道掘进量（B_{sj}）

柠条塔煤矿采用 N00 工法开采没有掘进量，留巷长度为 2 344 m。

（3）工期效益（B_{gq}）

柠条塔煤矿采用 N00 工法可以直接进行工作面的开采，因此采用 N00 工法开采的巷道准备时间为 0 月。

10.3 110 工法成本效益分析

10.3.1 柠条塔煤矿 110 工法成本计算分析

10.3.1.1 生产成本计算分析

1. 咨询设计成本（C_{zs}）

柠条塔煤矿虽然也是首次采用 110 工法，但 110 工法在全国很多矿井已经得到了应用，相应的咨询设计成本会有所下降。但要进行可行性研究，且工程设计要进行详细的研究以及一定的试验，以保证开采的安全性。根据《2020全国工程设计收费标准》，咨询设计成本为：

$$C_{zs}=C_{ky}+C_{sj}=12+103.8$$
$$=115.8(万元)$$

2. 巷道生产成本(C_{hj})

110工法和N00工法在巷道生产成本上的差异主要是，110工法需要先掘进1条回采巷道，然后在此巷道上进行切缝留巷，而N00工法无须提前掘进巷道可以直接留巷。

(1) 人工费(C_{rg})

掘巷人工费：平均每班15个人工，每月共计1 350个人工，每人工资月平均12 000元，每月平均掘进250 m，延米掘巷人工费为2 160元。留巷人工费：平均每班12个人工，每月共计1 080个人工，每人工资月平均12 000元，每月平均留巷200 m，延米留巷人工费为2 160元。综合来看，110工法的延米人工费为4 320元，则人工费为：

$$C_{rg}=P_{rg}L=4\ 320\times 2\ 344=10\ 126\ 080(元)$$
$$\approx 1\ 012.61(万元)$$

(2) 支护材料费(C_{cx})

柠条塔煤矿110工法的支护材料费包括掘巷时的支护材料投入，同时也包括切缝时的补强支护材料和切缝材料投入，得出延米支护材料费为3 907.595元，则支护材料费为：

$$C_{cx}=P_{cx}L=3\ 907.59\times 2\ 344=9\ 159\ 402.68(元)$$
$$\approx 915.94(万元)$$

(3) 设备折旧费(C_{sz})

柠条塔煤矿110工法的设备折旧费为1 792.46万元，见表10-3，折旧费算法和柠条塔煤矿N00工法开采设备进行折旧一致。

表 10-3 设备购置费清单

	设备名称	数量	价格/万元	使用年限/a	2年折旧费/万元
1	综掘机	1	332	5	126.16
2	连续采煤机	1	1 692	5	642.96
3	梭车	1	626	5	237.88
4	锚杆钻机	1	1 109	5	421.42
5	履带式破碎机	1	146	5	55.48
6	伸缩式带式输送机	1	120	5	45.60
7	切缝钻机	1	440	5	167.20
8	锚索钻机	1	252	5	95.76
	总计		4 717		1 792.46

通过对上述柠条塔煤矿人工费、支护材料费和设备折旧费的分析，得出柠条塔煤矿 S1201-Ⅱ工作面巷道生产成本为：

$$C_{hj}=C_{rg}+C_{cx}+C_{sz}=1\ 012.61+915.94+1\ 792.46$$
$$=3\ 721.01(万元)$$

3. 煤矸石运输费(C_{gy})

由于柠条塔煤矿平均煤层厚度为 4.11 m，无论是掘巷还是留巷的过程中基本无煤矸石的产出，煤矸石为开采过程中煤中夹杂的量，测算煤矸石排出量为 6.41 万 t，则煤矸石运输费为：

$$C_{gy}=P_{gy}ql=1.71\times6.41\times5.5$$
$$\approx60.29(万元)$$

4. 巷道维护费(C_{hw})

柠条塔煤矿采用 110 工法切缝留巷时，与 N00 工法相比仍是提前掘进 1 条回采巷道，取巷道延米维护成本为 761.67 元，则巷道维护费为：

$$C_{hw}=P_{hw}L=761.67\times2\ 344=1\ 785\ 354.48(元)$$
$$\approx178.54(万元)$$

5. 设备安装及回撤费（C_{ah}）

根据柠条塔煤矿采用110工法的实际情况测算，得到设备安装及回撤费为3 000万元。

6. 设备大修理费（C_{sx}）

根据柠条塔煤矿采用110工法的实际情况测算，得到设备大修理费为1 900.70万元。

根据上述分析，工作面采用110工法的生产成本为：

$$
\begin{aligned}
C_B &= 115.8 + 3\,721.01 + 60.29 + 178.54 + 3\,000 + 1\,900.70 \\
&= 8\,976.34(\text{万元})
\end{aligned}
$$

10.3.1.2 安全成本计算分析

110工法开采需要先掘进巷道，而巷道工程的危险程度是比较大的，掘进量越少，其安全程度越高。根据财政部、国家发展和改革委员会、国家煤矿安全监察局发布的《煤炭生产安全费用提取与使用管理办法》和柠条塔煤矿110试验工作面开采过程的实际情况，采用110工法的安全成本为：

$$
\begin{aligned}
C_S &= C_{yf} + C_{ss} + C_{cs} = 507.6 + 296.1 + 169.2 \\
&= 972.9(\text{万元})
\end{aligned}
$$

10.3.1.3 环境成本计算分析

1. 环境损失费（C_{hs}）

(1) 水资源破坏成本（C_{wp}）

110工法由于取消了保护煤柱，地表可以实现均匀沉降，根据地表实际情况，并参考郭晴[137]所做的研究，取吨煤破坏水资源量为2.3 m³，根据《陕西省水资源费征收标准执行表》《排污费征收标准管理办法》，取柠条塔煤矿的每立方米水资源破坏成本为2.5元，则水资源破坏成本为：

$$
\begin{aligned}
C_{wp} &= P_{wp} V_{wp} Q = 2.3 \times 2.5 \times 282 \\
&= 1\,621.5(\text{万元})
\end{aligned}
$$

(2) 大气污染成本(C_{gp})

柠条塔煤矿采用110工法工作面大气污染成本为284.77万元,如表10-4所列。

表10-4　大气污染物排放当量

污染物	污染当量值/kg	减排量/t	污染成本/万元
CO排放量	16.7	512	1.84
SO_2排放量	0.95	4397.5	277.74
烟尘排放量	2.18	65.1	1.79
煤尘排放量	4	226.6	3.40

(3) 土地污染成本(C_{lp})

根据土地污染对植被和农田造成的影响,地表均匀沉降和地表裂隙情况,以及张超[138]对陕西榆林煤炭污染的测算,取吨煤对土地污染的成本为11.49元,现场地表沉降和地表裂缝的情况较传统采煤方法开采良好,取土地污染影响度系数为1.0,则土地污染成本为:

$$C_{lp}=P_{lp}Q\beta=11.49\times282\times1.0$$
$$=3\ 240.18(\text{万元})$$

根据上述计算分析,环境损失成本为:

$$C_{hs}=C_{wp}+C_{gp}+C_{lp}=1\ 621.5+284.77+3\ 240.18$$
$$=5\ 146.45(\text{万元})$$

2. 环境处置费(C_{hc})

(1) 煤矸石处理费(C_{gc})

柠条塔煤矿吨煤煤矸石处理成本为12.5元,则煤矸石处理费为:

$$C_{gc}=P_{gc}T=12.5\times6.41$$
$$\approx80.13(\text{万元})$$

(2) 搬迁补偿费(C_{bq})

根据《柠条塔矿井村庄搬迁补偿统计表》,每亩综合搬迁补偿费为7.39万元,则搬迁补偿费为:

$$C_{bq}=P_{bq}S_{bq}=7.39\times105\times1.0$$
$$=775.95(万元)$$

(3) 环境修复费(C_{hx})

结合柠条塔煤矿在采用110工法开采时对环境影响的实际情况，取环境综合修复费为10.90元，包含植被恢复、土地沉陷恢复等生态环境修复，则环境修复费为：

$$C_{hx}=P_{hx}Q=10.90\times282$$
$$=3\ 073.80(万元)$$

根据上述计算分析，环境处置成本为：

$$C_{hc}=C_{gc}+C_{bq}+C_{hx}=80.13+775.95+3\ 073.80$$
$$=3\ 929.88(万元)$$

根据上述110/N00工法与传统采煤方法开采环境效益的特征分析，煤矿开采的环境成本包括环境损失费和环境处置费，则环境成本计算如下：

$$C_{E}=C_{hs}+C_{ch}=5\ 146.45+3\ 928.88$$
$$=9\ 075.33(万元)$$

10.3.2 柠条塔矿110工法效益计算分析

假定柠条塔煤矿S1201-Ⅱ工作面采用110工法回采完毕，同样可以将保护煤柱取出，累计生产原煤307万t，按照当前煤炭售价430元/t计算，可产生经济价值132 010万元。

(1) 回收煤柱收益(B_{mz})

按照当前煤炭售价430元/t计算，柠条塔煤矿多回收煤柱量为25万t，则回收煤柱收益为：

$$B_{mz}=P_{mz}Lh\rho d=430\times2\ 344\times4.11\times1.3\times20$$
$$=107\ 706\ 331.2(元)\approx10\ 770.63(万元)$$

(2) 减少巷道掘进量(B_{sj})

假定柠条塔煤矿S1201-Ⅱ工作面采用110工法回采，掘进量为2 344 m，留巷长度为2 344 m。

(3) 工期效益(B_{gq})

柠条塔煤矿 S1201-Ⅱ工作采用 110 工法回采需要提前掘巷,按照月掘进速度 250 m 计算,则开采的巷道准备时间约为 9.4 月。

10.4 传统采煤方法成本效益分析

10.4.1 柠条塔煤矿传统开采方法成本计算分析

10.4.1.1 生产成本计算分析

1. 咨询设计成本(C_{zs})

传统采煤方法较为成熟,可行性研究和支护设计成本较低,柠条塔咨询设计成本为:

$$C_{zs}=C_{ky}+C_{sj}=0+38.8$$
$$=38.80(\text{万元})$$

2. 巷道生产成本(C_{hj})

(1) 人工费(C_{rg})

传统采煤方法需要掘进 2 条回采巷道,掘巷平均每班 15 个人工,每月共计 1 350 个人工,每人工资月平均 12 000 元,每月平均掘进 250 m,延米掘巷人工费 2 160 元,则人工费为:

$$C_{rg}=P_{rg}L=2\ 160\times2\ 344\times2=10\ 126\ 080(\text{元})$$
$$\approx1\ 012.61(\text{万元})$$

(2) 支护材料费(C_{cx})

传统采煤方法掘巷延米支护材料费 1 808.57 元,则支护材料费为:

$$C_{cx}=P_{cx}L=1\ 808.57\times2\ 344\times2=8\ 478\ 576.16(\text{元})$$
$$\approx847.86(\text{万元})$$

(3) 设备折旧费(C_{sz})

柠条塔煤矿传统采煤方法的设备折旧费为 1 529.50 万元,见表 10-5,折旧算法和柠条塔煤矿 N00 工法开采设备进行折旧一致。

表 10-5 设备购置费清单

	设备名称	数量	价格/万元	使用年限/a	2 年折旧费/万元
1	综掘机	1	332	5	126.16
2	连续采煤机	1	1 692	5	642.96
3	梭车	1	626	5	237.88
4	锚杆钻机	1	1 109	5	421.42
5	履带式破碎机	1	146	5	55.48
6	伸缩式带式输送机	1	120	5	45.60
	总计		4 025		1 529.50

通过对上述柠条塔煤矿巷道人工费、材料费和设备折旧的分析，得出柠条塔煤矿采用传统采煤方法巷道生产成本：

$$C_{hj}=C_{rg}+C_{cx}+C_{sz}=1\ 012.61+847.86+1\ 529.50$$
$$=3\ 389.97(万元)$$

3. 煤矸石运输费(C_{gy})

由于柠条塔煤矿平均煤层厚度为 4.11 m，掘巷在理想条件下基本无煤矸石的产出，煤矸石为开采过程中煤中夹杂的量，测算出煤矸石排出量为 6.41 万 t，则煤矸石运输费为：

$$C_{gy}=P_{gy}ql=1.71\times6.41\times5.5$$
$$\approx60.29(万元)$$

4. 巷道维护费(C_{hw})

柠条塔煤矿在采用传统采煤方法时，掘进 2 条回采巷道，工作面开采准备时间长，其巷道维护成本会有所增加，则巷道维护费为：

$$C_{hw}=P_{hw}L=585.9\times2\ 344\times2=2\ 746\ 699.2(元)$$
$$\approx274.67(万元)$$

5. 设备安装及回撤费(C_{ah})

根据柠条塔煤矿采用传统采煤方法的实际情况测算，设备安装及回撤费为 3 000 万元。

6. 设备大修理费(C_{sx})

根据柠条塔煤矿采用传统采煤方法的实际情况测算，设备大修理费为 1 900.70 万元。

根据上述分析，工作面采用传统采煤方法的生产成本为：

$$
\begin{aligned}
C_B &= 38.80+3\,389.97+60.29+274.67+3\,000+1\,900.70 \\
&= 8\,664.43(\text{万元})
\end{aligned}
$$

10.4.1.2　安全成本计算分析

根据财政部、国家发展和改革委员会、国家煤矿安全监察局发布的《煤炭生产安全费用提取与使用管理办法》和柠条塔煤矿工作面开采过程的实际情况，则传统采煤方法的安全成本为：

$$
\begin{aligned}
C_S &= C_{yf}+C_{ss}+C_{cs}=592.2+366.6+225.6 \\
&= 1\,184.4(\text{万元})
\end{aligned}
$$

10.4.1.3　环境成本计算分析

1. 环境损失费(C_{hs})

(1) 水资源破坏成本(C_{wp})

无煤柱自成巷 110/N00 工法可以很好地填充采空区，而传统采煤方法由于保护煤柱的存在，地表沉降不均匀，且产生较大的地表裂隙，并参考郭晴[137]所做的研究，取吨煤破坏水资源量为 2.5 m^3，根据《陕西省水资源费征收标准执行表》《排污费征收标准管理办法》，取柠条塔煤矿的每立方米水资源破坏成本为 2.5 元，则水资源破坏成本为：

$$
\begin{aligned}
C_{wp} &= P_{wp}V_{wp}Q=2.5\times2.5\times282 \\
&= 1\,762.50(\text{万元})
\end{aligned}
$$

(2) 大气污染成本(C_{gp})

柠条塔煤矿采用传统采煤方法开采工作面的大气污染成本为 284.77 万元。

表 10-6　大气污染物排放当量

污染物	污染当量值/kg	减排量/t	污染成本/万元
CO 排放量	16.70	512.0	1.84
SO_2 排放量	0.95	4397.5	277.74
烟尘排放量	2.18	65.1	1.79
煤尘排放量	4.00	226.6	3.40

(3) 土地污染成本(C_{lp})

根据土地污染对植被和农田造成的影响,地表不均匀沉降和地表裂隙情况,以及张超[138]对陕西榆林煤炭污染的测算,取吨煤对土地污染的成本为 11.49 元,土地污染影响度系数为 1.05,则土地污染成本为:

$$C_{lp}=P_{lp}Q\beta=11.49\times 282\times 1.05$$
$$\approx 3\ 402.19(\text{万元})$$

根据上述计算分析,环境损失费为:

$$C_{hs}=C_{wp}+C_{gp}+C_{lp}=1\ 762.50+284.77+3\ 402.19$$
$$=5\ 449.46(\text{万元})$$

2. 环境处置费(C_{hc})

(1) 煤矸石处理费(C_{gc})

柠条塔煤矿吨煤煤矸石处理成本为 12.5 元,则煤矸石处理费为:

$$C_{gc}=P_{gc}T=12.5\times 6.41$$
$$\approx 80.13(\text{万元})$$

(2) 搬迁补偿费(C_{bq})

根据《柠条塔矿井村庄搬迁补偿统计表》,每亩综合搬迁补偿费为 7.39 万元,则搬迁补偿费为:

$$C_{bq}=P_{bq}\times S_{bq}=7.39\times 105\times 1.05$$
$$\approx 814.75(\text{万元})$$

(3) 环境修复费(C_{hx})

柠条塔煤矿在采用传统采煤方法开采时对环境影响相对来说比较

大，结合其他工作面采用传统采煤方法时的情况，取环境综合修复费为11.98元，包含植被恢复、土地沉陷恢复等生态环境修复，则环境修复费为：

$$C_{hx}=P_{hx}Q=11.98\times 282$$
$$=3\ 379.36(\text{万元})$$

根据上述计算分析，环境处置费为：

$$C_{hc}=C_{gc}+C_{bq}+C_{hx}=80.13+814.75+3\ 379.36$$
$$=4\ 274.24(\text{万元})$$

根据上述110/N00工法与传统采煤方法开采环境效益的特征分析，煤矿开采的环境成本包括环境损失费和环境处置费。因此环境成本计算如下：

$$C_{E}=C_{hs}+C_{ch}=5\ 449.46+4\ 274.24$$
$$=9\ 723.70(\text{万元})$$

10.4.2　柠条塔矿传统采煤方法效益计算分析

假定柠条塔煤矿S1201-Ⅱ工作采用传统采煤方法回采完毕，需要留保护煤柱以保证开采的正常进行，累计生产原煤282万t，按照当前煤炭售价430元/t计算，可产生经济价值121 260万元。柠条塔煤矿S1201-Ⅱ工作面回采需要掘进量为4 688 m，留巷长度为0 m。柠条塔煤矿S1201-Ⅱ工作面采用传统采煤方法回采需要提前掘进巷道，按照月掘进速度250 m计算，则开采的巷道准备时间约为18.8月。

10.5　N00工法、110工法和传统采煤方法成本效益对比

根据N00工法、110工法和传统采煤方法在柠条塔煤矿的实际应用情况，结合建立技术经济效益模型对三种工法的成本和效益进行计算分析。通过对N00工法、110工法和传统采煤方法的整个经济构成进行了对比分析，了解了不同采煤方法开采时成本和收益的差异，得出了不同采

煤方法的优劣势。

10.5.1 成本对比分析

根据前面对柠条塔煤矿采用 N00 工法、110 工法和传统采煤方法的实际情况进行计算，得到构建成本体系的各项数值，N00 工法、110 工法和传统采煤方法成本对比如表 10-7 所列。

表 10-7　N00、110 和传统开采方法成本对比表

项目				N00 工法/万元	110 工法/万元	传统开采方法/万元
成本	生产成本	咨询设计成本	可行性研究	22.00	12.00	0.00
			工程设计	245.00	103.80	38.80
		巷道生产成本	人工费	816.65	1 012.61	1 012.61
			支护材料费	1 345.22	915.94	847.86
			设备折旧费	1 842.71	1 792.46	1 529.50
		煤矸石运输费		60.29	60.29	60.29
		巷道维护费		137.33	178.54	274.67
		设备安装及回撤费		3 000.00	3 000.00	3 000.00
		设备大修理费		1 900.70	1 900.70	1 900.70
	安全成本	安全预防费		451.20	507.60	592.20
		安全损失费		267.90	296.10	366.60
		安全处置费		155.10	169.20	225.60
	环境成本	环境损失费	水资源破坏成本	1 551.00	1 621.50	1 762.5
			大气污染成本	284.77	284.77	284.77
			土地污染成本	3 078.17	3 240.18	3 402.19
		环境处置费	煤矸石处理费	80.13	80.13	80.13
			搬迁补偿费	737.15	775.95	814.75
			环境修复费	2 983.56	3 073.80	3 379.36
总计				18 958.88	19 024.57	19 572.53

针对柠条塔煤矿实际情况，从表 10-7 和图 10-2 中可以看出，柠条塔煤矿采用三种工法的基本生产成本支出从大到小依次为 N00 工法、110 工法、传统采煤方法，值分别为 9 369.90 万元、8 976.34 万元、8 664.43 万元。采用 N00 工法与传统采煤方法相比，多支出 705.47 万元，采用 110 工法与传统采煤方法相比，多支出 311.91 万元。总体来说，N00 工法和 110 工法的基本生产成本较大的原因在于新的工法体系需要先进材料和先进专门配套配合实现。在设计咨询成本方面，采用 N00 工法最高，原因在于柠条塔煤矿首次采用 N00 工法，设计较为复杂，工程设计费则要高很多。

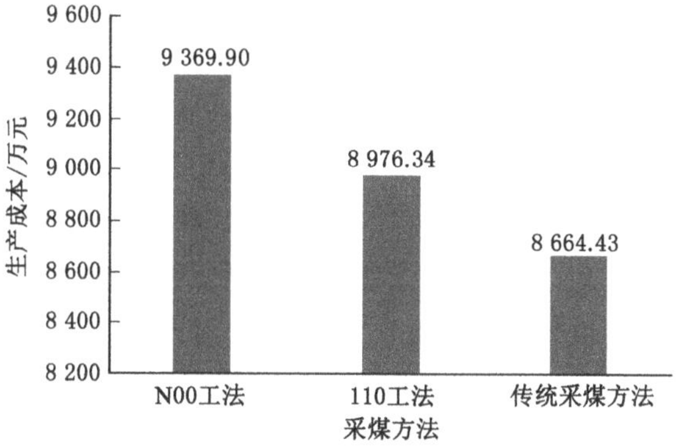

图 10-2　不同采煤方法生产成本对比

从图 10-3 可以看出，巷道生产成本是生产成本中最为主要的支出，包括人工费、支护材料费和设备折旧费，总的巷道生产成本从大到小依次为 N00 工法、110 工法、传统采煤方法，值分别为 4 004.58 万元、3 721.01 万元、3 389.97 万元。N00 工法、110 工法分别比传统采煤方法多支出 614.61 万元、331.04 万元。

在人工费方面，N00 工法比传统采煤方法低很多，减少的成本为 195.96 万元（见图 10-4）。关于支护材料费的支出，N00 工法、110 工法和传统采煤方法分别为 1 345.22 万元、915.94 万元、847.86 万元，N00 工法和 110 工法比传统采煤方法分别多支出 497.36 万元、68.08 万元

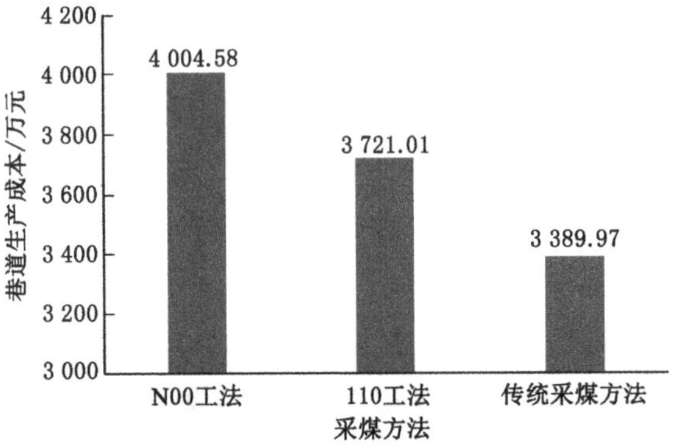

图 10-3　不同采煤方法巷道生产成本对比

(见图 10-5)。关于设备折旧费的支出,N00 工法、110 工法和传统采煤方法分别为 1 842.71 万元、1 792.46 万元、1 529.50 万元,N00 工法和 110 工法比传统采煤方法分别多支出 313.21 万元、262.96 万元(见图 10-6)。N00 工法的机械化程度比较高,人工费支出比传统采煤方法低很多,但是为了切顶以后保持顶板的稳定性,需要用到高恒阻、抵抗大变形的 NPR 恒阻锚索并结合相关支护来实现,设备上配合专用设备实现边采边留巷,相应的支护材料费和设备折旧费比传统采煤方法高出很多。

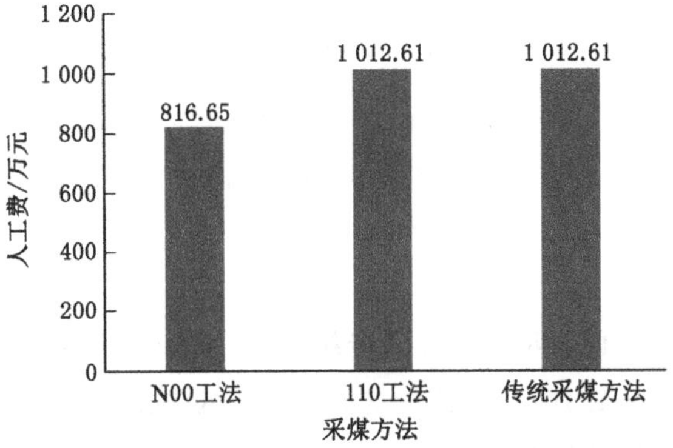

图 10-4　不同采煤方法人工费对比

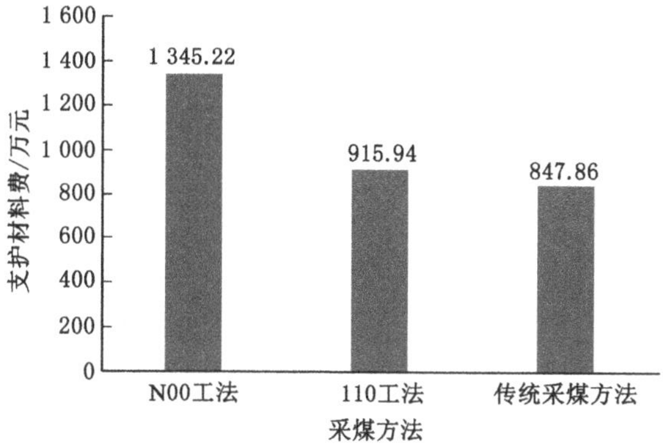

图 10-5　不同采煤方法支护材料费对比

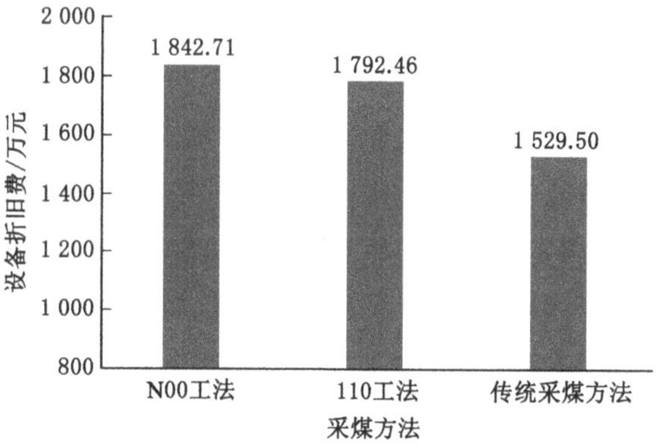

图 10-6　不同采煤方法设备折旧费对比

从图 10-7 可以看出，N00 工法、110 工法与传统采煤方法的煤矸石运输费是一样的(60.29 万元)，主要是因为柠条塔煤矿的煤层平均厚度为 4.11 m，煤层厚度大于巷道设计高度，在巷道掘进过程中基本无煤矸石排出，煤矸石来源为开采过程中煤中夹杂的煤矸石，煤矸石产出量是一样的，因此煤矸石运输费也一样。而对于薄煤层或者巷道掘进煤矸石排出较多的煤矿，加上传统采煤方法需要掘进 2 条回采巷道，掘进量最大，则煤矸石运输费也会增加很多。

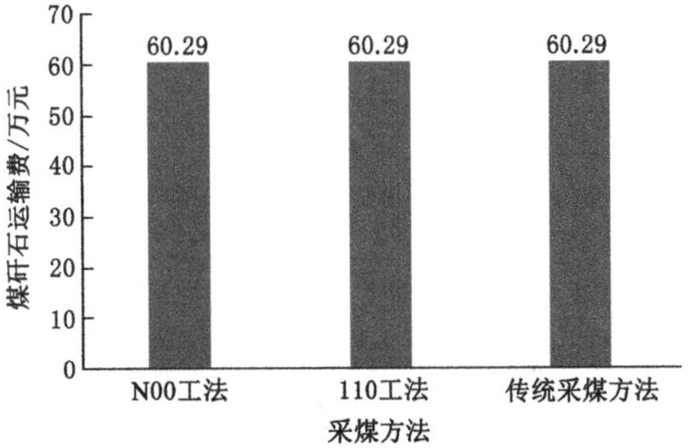

图 10-7　不同采煤方法煤矸石运输费对比

从图 10-8 中可以看出，N00 工法、110 工法和传统采煤方法巷道维护费分别为 137.33 万元、178.54 万元、274.67 万元。采用 N00 工法、110 工法比传统采煤方法的巷道维护成本低，分别减少 137.34 万元、96.13 万元。巷道维护费减少的主要原因在于定向切缝使得巷道围岩应力大幅度降低，致使巷道围岩变形程度和巷道维护率降低。对于 N00 工法、110 工法和传统采煤方法而言，设备安装及回撤费、设备大修理费这两项成本投入基本没有任何差别。

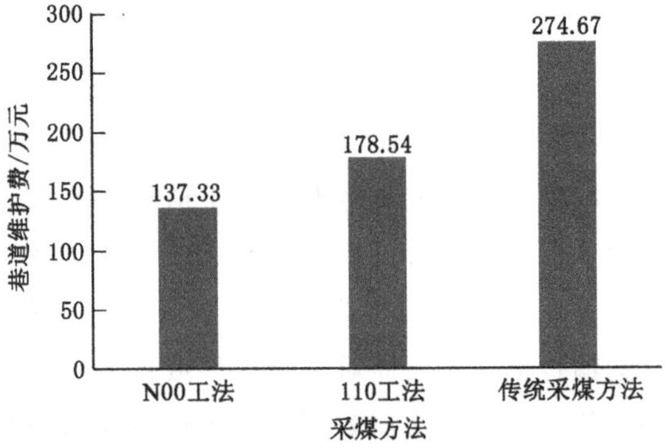

图 10-8　不同采煤方法巷道维护费对比

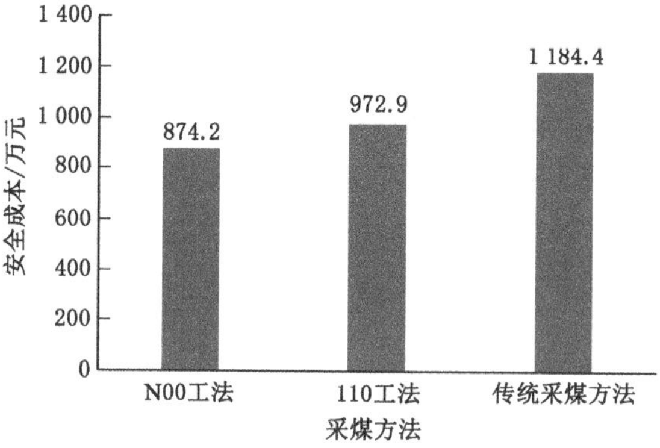

图 10-9 不同采煤方法安全成本对比

由图 10-9 可以看出，柠条塔煤矿三种工法中安全成本的支出，传统采煤方法最高，为 1 184.4 万元，其次为 110 工法，为 972.90 万元，N00 工法最低，为 874.2 万元。N00 工法、110 工法比传统采煤方法的安全成本分别少支出 310.20 万元、211.50 万元。传统采煤方法安全成本支出最大的主要原因是其巷道的掘进量大，且巷道工程是危险性较大的工程，掘进投入的时间、人力等都是很多的，且巷道围岩应力集中，巷道变形严重，容易造成安全事故的发生。而 110 工法只掘进 1 条巷道，N00 工法无须掘进巷道，且由于顶板切缝，阻断了应力传递路径，巷道围岩应力大幅度降低，极大地提高工人的安全水平，降低了损失。因此，这两种工法的安全成本较传统采煤方法有所降低。

从表 10-6 和图 10-10 来看，在柠条塔煤矿的实践过程中，无煤柱自成巷 110/N00 工法相较于传统采煤方法开采对生态环境的影响降低幅度是很大的。环境成本支出最大的是传统采煤方法，为 9 723.70 万元，N00 工法、110 工法比传统采煤方法环境成本分别少支出 1 008.92 万元、648.37 万元，环境效益十分显著。110 工法与 N00 工法环境成本支出相差 360.55 万元，原因是：一是 110 工法与 N00 工法都是将以前的保护煤柱可以取出来，地表实现十分缓慢的均匀沉降，地表裂缝程度相应减少，实际效果 N00 工法比 110 工法要好一些。二是柠条塔煤矿是厚煤层，巷道掘进高度低于煤层开采厚度，基本不会产生煤矸石，出现的煤矸石是开采过程中煤层中夹杂的煤矸石，110 工法和 N00 工法在柠条塔煤矿开采过程中，煤矸石量是一样的。但是，在薄煤层或者巷道掘进高度大于煤层厚度的煤矿，110 工法和 N00 工法的煤矸石排出量将会相差很大，110 工法仍需要提前掘进 1 条巷道，N00 工法不需要提前掘进巷道而直接留巷，产生的煤矸石在留巷的过程中留在采空区，不需要煤矸石排出。煤矸石产量将会直接影响其对水资源破坏、大气污染、土地污染的程度。

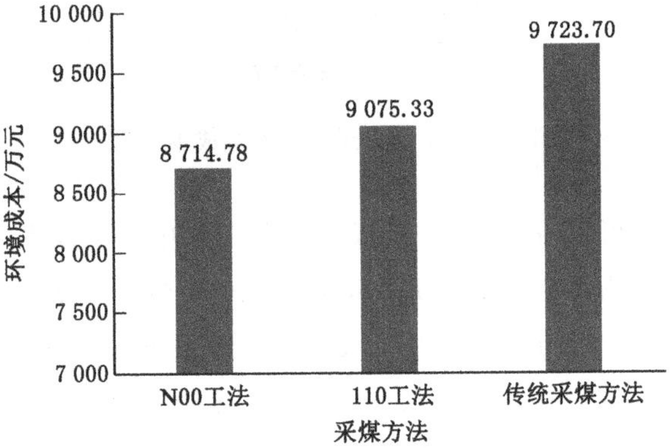

图 10-10　不同采煤方法环境成本对比

从表 10-7 中可以看出，成本包括生产成本、安全成本、环境成本，从低到高分别是传统采煤方法、110 工法、N00 工法，值分别为 19 572.53 万元、19 024.57 万元、18 958.88 万元。其中 N00 工法、110 工法比传统采煤方法成本分别降低 613.65 万元、547.96 万元。110 工法和 N00 工法在成本支出上优于传统采煤方法，而 N00 工法比 110 工法成本只降低了 65.69 万元。

10.5.2　收益对比分析

收益对比分析如表 10-8 及图 10-11～图 10-14 所示。结合表 10-7、图 10-11 和图 10-12 可以看出，柠条塔煤矿 S1201-Ⅱ工作面采用 110 工法、N00 工法可以开采煤炭产量 307 万 t，传统采煤方法可以开采煤炭产量为 282 万 t，增加产值 25 万 t，主要是因为将传统开采方法需要留设的煤柱开采出来。按吨煤售价为 430 元/t 计算，得出煤柱的经济产值为 10 750 万元，可见传统采煤方法开采时留设煤柱造成的经济损失是十分巨大的。

表 10-8　N00、110 和传统开采方法成本收益对比表

项目		N00 工法	110 工法	传统开采方法
成本	生产成本/万元	9 369.90	8 976.34	8 664.43
	安全成本/万元	874.20	972.90	1 184.40
	环境成本/万元	8 714.78	9 075.33	9 723.70
总计		18 958.88	19 024.57	19 572.53
效益	生产量/万 t	307.00	307.00	282.00
	经济产值/万元	132 010.00	132 010.00	121 260.00
	巷道准备工期/月	0	9.4	18.8
净效益/万元		113 051.12	112 985.43	101 687.47

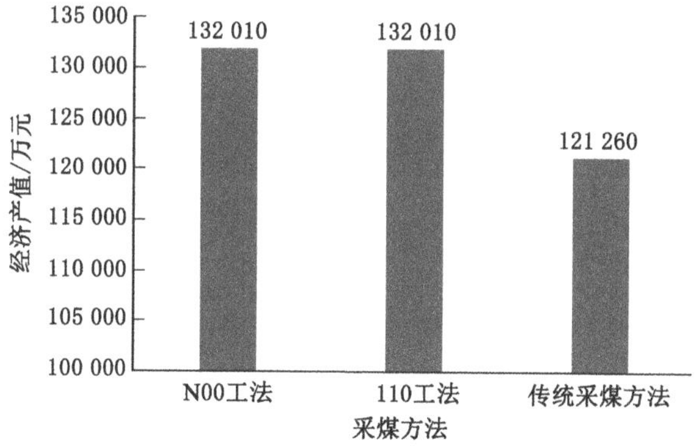

图 10-11　不同采煤方法经济产值对比表图

从图 10-13 中可以看出，N00 工法的工期效益明显，采用 N00 工法巷道准备时间 0 月，采用 110 工法巷道准备时间 9.4 月，采用传统开采方法巷道准备时间 18.8 月，工期效益十分明显。采用 N00 工法可以使得柠条塔煤矿在比较短的时间内产生经济效益，投资回收期短，即投入成本可以很快收回。整个工作面的开采周期缩短，加快了资金周转，同时解决了工作面的接续问题。

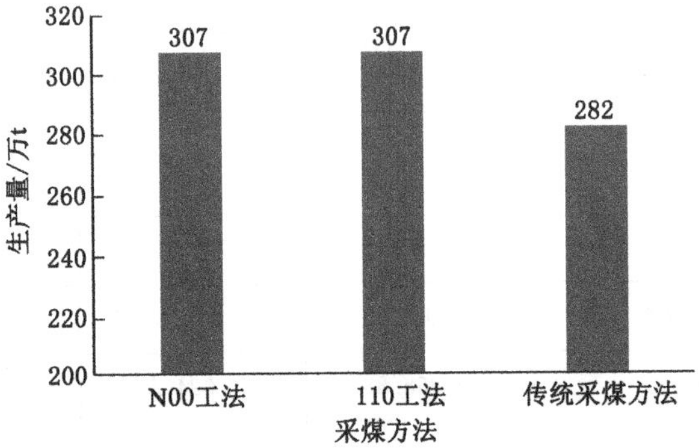

图 10-12　不同采煤方法生产量对比表

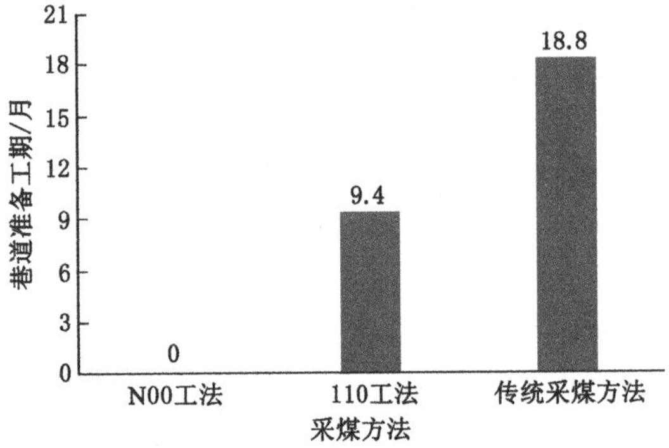

图 10-13　不同采煤方法巷道准备工期对比图

从图 10-14 中可以看出，柠条塔煤矿采用 N00 工法的净效益最大，为 113 051.12 万元，其次是 110 工法，为 112 985.43 万元，最小的是传统采煤方法，为 101 687.47 万元。N00 工法、110 工法净收益比传统采煤方法分别提高 11 363.65 万元、11 297.96 万元。N00 工法和 110 工法的净效益十分明显，其主要收益为回收煤柱的收益。

根据建立的技术经济效益计算模型计算的结果可以看出，单纯看生产成本，N00 工法和 110 工法大于传统采煤方法，但是将安全成本和环境成本包含进去，则是传统采煤方法的成本最大。同时在对净效益的分析上，N00 工法＞110 工法＞传统采煤方法。综上分析可以看出，N00 工法优于 110 工法，110 工法、N00 工法均远优于传统采煤方法。

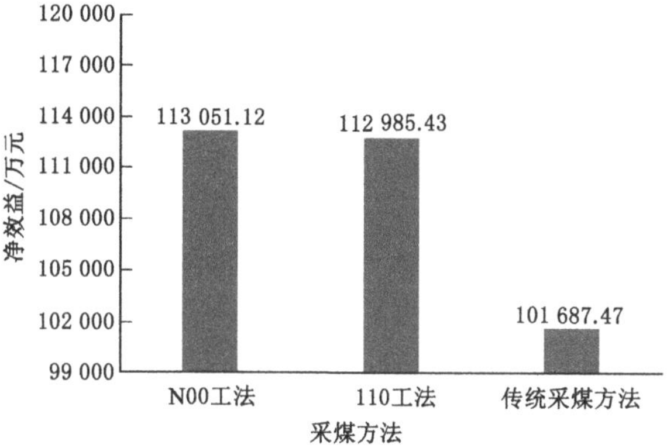

图 10-14　不同采煤方法净效益对比图

11 柠条塔煤矿 N00 工法开采效益综合评价

本章以前述建立 N00 工法综合效益评价模型为基础，对柠条塔煤矿综合效益进行评价分析。首先采用 AHP 确定指标体系中各指标的权重，然后依据灰色关联度法对柠条塔煤矿采用传统采煤方法、110 工法和 N00 工法情况下的综合效益进行优劣分析，以期为相关工程分析提供研究基础。

11.1 指标权重的确定

11.1.1 综合效益指标的判断矩阵及权重

综合评价指标体系中各个指标权重采用 AHP 进行确定，调查对象为参与柠条塔煤矿 110 工法和 N00 工法具体实施研究的科研人员、专家和矿上的有关工程师，共 10 位。调查问卷采用 1～9 标度法，对各级指标比较得出各指标的相互重要程度，构造判断矩阵，计算得到各指标权重并进行分析。综合效益指标的判断矩阵及权重如表 11-1 所列。

表 11-1 综合效益指标的判断矩阵及权重

综合效益	经济效益	安全效益	环境效益	社会效益	权重分配
经济效益	1	2	4	3	0.469 3
安全效益	1/2	1	2	3	0.279 1
环境效益	1/4	1/2	1	1/2	0.106 0
社会效益	1/3	1/3	2	1	0.145 6

其中，计算得到判断矩阵的 λ_{max} 为 4.093 6，一致性比率 CR=0.034 7<0.01，通过一致性检验。

从表 11-1 中可以看出，对 110 工法、N00 工法和传统采煤方法开采效益进行综合评价，经济效益是主要考虑指标，权重达到 0.469 3；其次是安全效益，权重为0.279 1；环境效益和社会效益的权重较经济效益和安全效益低，分别为 0.106 0、0.145 6。经济、安全、环境和社会四个维度效益相辅相成，同时在一定程度上存在矛盾。例如，经济效益固然很重要，但在煤炭开采时安全情况的保障、对环境造成的污染、对社会存在的负面影响等应该考虑进去，尽量使得煤炭开采在产生经济效益的同时，负效益最低，以此实现煤炭开采的综合效益最优。

11.1.2 经济效益指标的判断矩阵及权重

经济效益指标的判断矩阵及权重如表 11-2 所列。

表 11-2 经济效益指标的判断矩阵及权重

经济效益	吨煤成本	原煤产量	工期投入	采区回采率	万吨煤掘进率	投资利润率	权重分配
吨煤成本	1	3	2	3	5	2	0.302 1
原煤产量	1/3	1	2	1/2	3	1/3	0.122 8
工期投入	1/2	1/2	1	2	3	1/2	0.133 2
采区回采率	1/3	2	1/2	1	2	1/4	0.113 3
万吨煤掘进率	1/5	1/3	1/3	1/2	1	1/5	0.049 9
投资利润率	1/2	3	2	4	5	1	0.278 6

其中，计算得判断矩阵的 λ_{max} 为 6.501 7，一致性比率 CR=0.080 9<0.10，通过一致性检验。

从表 11-2 中可以看出，在评价 110 工法、N00 工法和传统采煤方法开采经济效益的过程中，吨煤成本和投资利润率权重占比较大，分别为 0.302 1、0.278 6，超过整个经济效益指标权重的一半，可见成本和利润既是企业最为关注的指标，又是最为直接的反映经济效益的指标。经济效益指标中的原煤产量、工期投入、采区回采率权重占比相差不多，分别为0.122 8、0.133 2、0.113 3，万吨煤掘进率权重最低，为0.049 9。

11.1.3 安全效益指标的判断矩阵及权重

安全效益指标的判断矩阵及权重如表11-3所列。

表11-3 安全效益指标的判断矩阵及权重

安全效益	巷道维护度	煤矿百万吨矿井轻伤率	煤矿百万吨重伤率	煤矿百万吨死亡率	职业发病率	权重分配
巷道维护度	1	1/2	1/3	5	2	0.091 9
煤矿百万吨轻伤率	2	1	1/2	1/3	3	0.157 9
煤矿百万吨重伤率	3	2	1	1/2	4	0.259 5
煤矿百万吨死亡率	5	3	2	1	5	0.430 1
职业发病率	1/2	1/3	1/4	1/5	1	0.060 6

其中，计算得出判断矩阵的 λ_{max} 为5.064 8，一致性比率CR＝0.014 5＜0.10。通过一致性检验。

从表11-3中可以看出，在评价110工法、N00工法和传统采煤方法开采安全效益的过程中，煤矿百万吨死亡率权重最大，为0.430 1，煤矿百万吨重伤率、煤矿百万吨轻伤率的权重分别为0.259 5、0.157 9，权重大小按伤亡程度赋予。随着国家和企业对煤矿安全重视程度的提高，煤矿百万吨死亡率极低，反而在煤矿百万吨重伤率和煤矿百万吨轻伤率表现上差别会大一些，差异上更加直观。巷道维护度和职业发病率权重最低。

11.1.4 环境效益指标的判断矩阵及权重

环境效益指标的判断矩阵及权重如表11-4所列。

表 11-4 环境效益指标的判断矩阵及权重

环境效益	煤矸石排放量	地表裂缝度	采空区塌陷度	水资源破坏率	土地侵蚀程度	权重分配
煤矸石排放量	1	3	2	5	3	0.416 9
地表裂缝度	1/3	1	2	3	2	0.223 6
采空区塌陷度	1/2	1/2	1	2	1/2	0.128 5
水资源破坏率	1/5	1/3	1/2	1	1/2	0.074 7
土地侵蚀程度	1/3	1/2	2	2	1	0.156 3

其中，计算得出判断矩阵的 λ_{max} 为 5. 208 4，一致性比率 CR＝0.046 5＜0.10，通过一致性检验。

从表 11-4 中可以看出，在环境效益评价方面，110 工法、N00 工法和传统采煤方法开采对于环境的影响差异还是比较明显的。其中，煤矸石排放量是对环境影响最大的因素，权重为 0.416 9，煤矸石的排出会破坏周围的生态环境；其次是地表裂缝度，权重为 0.223 6，裂缝程度越大，影响深度越大，对环境危害就越大。煤矸石排放是生态破坏的根源，而地表裂缝程度则一定程度上是影响生态破坏程度的因素，煤矸石产生污染因子，地表裂缝则导致污染向更深的范围扩大。采空区塌陷度、水资源破坏率和土地侵蚀程度占比较低，但也直观反映出其对环境的破坏程度。

11.1.5 社会效益指标的判断矩阵及权重

社会效益指标的判断矩阵及权重如表 11-4 所列。

表 11-5 社会效益指标对的判断矩阵及权重

社会效益	增加就业指数	GDP 增长率	社会贡献率	矿区居民患病率	煤炭工业对地方发展促进度	权重分配
增加就业指数	1	1/3	2	1/2	1/4	0.113 1
GDP 增长率	3	1	4	2	1/2	0.258 9

表 11-5（续）

社会效益	增加就业指数	GDP增长率	社会贡献率	矿区居民患病率	煤炭工业对地方发展促进度	权重分配
社会贡献率	1/2	1/4	1	1/3	1/5	0.077 0
矿区居民患病率	2	1/2	3	1	1/3	0.171 1
煤炭工业对地方发展促进度	4	2	5	3	1	0.380 0

其中，计算得出判断矩阵的 λ_{max} 为 5.436 3，一致性比率 CR＝0.097 4＜0.10，通过一致性检验。

从表 11-5 中可以看出，在社会效益评价方面，煤炭工业对地方发展促进度权重最大，为 0.380 0。在煤炭资源丰富的地方，其地方的支柱产业一般为煤炭，通过煤炭工业的发展带动地方相关产业的发展，提高地方整体发展水平。GDP 增长率权重次之，为 0.258 9。产量的增加、开采周期的缩短会为当地带来巨大的 GDP 增长。

11.2 灰色关联度分析

11.2.1 评价体系的建立

采用层次分析法确定了各级指标体系的权重，根据对柠条塔煤矿采用 N00 工法、110 工法和传统采煤方法实际应用情况和调查研究，得到二级指标的实际数值，具体见表 11-6。

11.2.2 计算分析

11.2.2.1 建立参考数据序列

根据最优指标原则，将建立的指标体系中各数据序列中的实际最优值选出来，作为参考序列 X_0，然后将 N00 工法、110 工法、传统采煤方法的数据和参考序列构成矩阵。

表 11-6　柠条塔煤矿综合效益评价指标权重及数据

一级指标	权重	二级指标	权重	N00 工法	110 工法	传统采煤方法
经济效益	0.469 3	吨煤成本	0.302 1	95.62	93.71	112.59
		原煤产量	0.122 8	307	307	282
		巷道准备工期	0.133 2	0	9.4	18.8
		采区回采率	0.113 3	95	91	83
		万吨煤掘进率	0.049 9	0	7.6	9.46
		投资利润率	0.278 6	4.38	4.37	3.36
安全效益	0.279 1	巷道维护度	0.091 9	41	32	73
		煤矿百万吨矿井轻伤率	0.157 9	0.82	1.13	1.79
		煤矿百万吨重伤率	0.259 5	0.14	0.23	0.32
		煤矿百万吨死亡率	0.430 1	0.003 7	0.008 4	0.021 3
		职业发病率	0.060 6	0.01	0.05	0.09
环境效益	0.106 0	煤矸石排放量	0.416 9	6.41	6.41	6.41
		地表裂缝度	0.223 6	3	7	32
		采空区塌陷度	0.128 5	0.06	0.07	0.20
		水资源破坏率	0.074 7	2.2	2.2	2.5
		土地侵蚀程度	0.156 3	47	56	75
社会效益	0.145 6	增加就业指数	0.113 1	3.2	2.1	0.3
		GDP 增长率	0.258 9	15.8	13.6	10.3
		社会贡献率	0.077 0	32	29	21
		矿区居民患病率	0.171 1	0.05	0.06	0.10
		煤炭工业对地方发展促进度	0.380 0	87	81	72

$$X_0=(93.71\quad 307\quad 0\quad 95\quad 0\quad 4.38\quad 32\quad 0.82\quad 0.14\quad 0.0037\quad 0.01\quad 6.41\quad 3\quad 0.06\quad 2.2\quad 47\quad 3.2\quad 15.8\quad 32\quad 0.05\quad 87)$$

$$X=\begin{bmatrix} 93.71 & 307 & 0.0 & 95 & 0.00 & 4.38 & 32 & 0.82 & 0.14 & 0.003\,7 & 0.01 & 6.41 & 3 & 0.06 & 2.2 & 47 & 3.2 & 15.8 & 32 & 0.05 & 87 \\ 95.62 & 307 & 0.0 & 95 & 0.00 & 4.38 & 41 & 0.82 & 0.14 & 0.003\,7 & 0.01 & 6.41 & 3 & 0.06 & 2.2 & 47 & 3.2 & 15.8 & 32 & 0.05 & 87 \\ 93.71 & 307 & 9.4 & 91 & 7.60 & 4.37 & 32 & 1.13 & 0.23 & 0.008\,4 & 0.05 & 6.41 & 7 & 0.07 & 2.2 & 56 & 2.1 & 13.6 & 29 & 0.06 & 81 \\ 112.59 & 282 & 18.8 & 83 & 9.46 & 3.36 & 73 & 1.79 & 0.32 & 0.021\,3 & 0.09 & 6.41 & 32 & 0.2 & 2.5 & 75 & 0.3 & 10.3 & 21 & 0.10 & 72 \end{bmatrix}$$

11.2.2.2 数据标准化处理

由式(9-6)进行无量纲化处理，分别得到 N00 工法、110 工法、传统采煤方法在经济效益、安全效益、环境效益和社会效益方面各自的子集序列矩阵。

(1) 经济效益子集

$$C_{k_1}^{0}=[0.947\,5\quad 1.020\,8\quad 0.000\,0\quad 1.044\,0\quad 0.000\,0\quad 1.062\,5]$$

$$C_{k_1}^{1}=\begin{bmatrix} 0.966\,8 & 0.020\,8 & 0.000\,0 & 1.044\,0 & 0.000\,0 & 1.062\,5 \\ 0.947\,5 & 1.020\,8 & 1.333\,3 & 1.000\,0 & 1.781\,9 & 1.060\,0 \\ 1.138\,3 & 0.937\,7 & 2.666\,7 & 0.912\,1 & 2.218\,1 & 0.815\,0 \end{bmatrix}$$

(2) 安全效益子集

$$C_{k_2}^{0}=[0.719\,1\quad 0.828\,3\quad 0.674\,7\quad 0.366\,6\quad 0.250\,0]$$

$$C_{k_2}^{2}=\begin{bmatrix} 0.921\,3 & 0.828\,3 & 0.674\,7 & 0.405\,2 & 0.250\,0 \\ 0.719\,1 & 1.141\,4 & 1.108\,4 & 0.913\,8 & 1.250\,0 \\ 1.640\,4 & 1.202\,0 & 1.542\,2 & 2.317\,1 & 2.250\,0 \end{bmatrix}$$

(3) 环境效益子集

$$C_{k_3}^{0}=[1.000\,0\quad 0.266\,7\quad 0.615\,4\quad 0.967\,0\quad 0.835\,6]$$

$$C_{k_3}^{3}=\begin{bmatrix} 1.000\,0 & 0.266\,7 & 0.615\,4 & 0.967\,0 & 0.835\,6 \\ 1.000\,0 & 0.622\,2 & 0.717\,9 & 0.967\,0 & 0.995\,6 \\ 1.000\,0 & 2.844\,4 & 2.051\,3 & 1.098\,9 & 1.333\,3 \end{bmatrix}$$

(4) 社会效益子集

$$\boldsymbol{C}_{k_4}^0=[1.4545\quad 1.1387\quad 1.1228\quad 0.7692\quad 1.0642]$$

$$\boldsymbol{C}_{k_4}^4=\begin{bmatrix}1.4545 & 0.1387 & 1.1228 & 0.7692 & 1.0642\\ 0.9545 & 0.9802 & 1.0175 & 0.9231 & 0.9908\\ 0.1364 & 0.7423 & 0.7368 & 1.5385 & 0.8807\end{bmatrix}$$

11.2.2.3 计算各子集差序列矩阵

在进行数据的标准化处理以后，分别对建立的经济效益、安全效益、环境效益和社会效益子集进行差序列计算，目的是得到式(9-7)中 $\max_i\max_k|c_k^0-c_k^i|$（最大差 M）和 $\min_i\min_k|c_k^0-c_k^i|$（最小差 m）。

$$\boldsymbol{\Delta}_1(k_1)=\begin{bmatrix}0.0193 & 0.0000 & 0.0000 & 0.0000 & 0.0000 & 0.0000\\ 0.0000 & 0.0000 & 1.3333 & 0.0440 & 0.7819 & 0.0024\\ 0.1909 & 0.0831 & 2.6667 & 0.1319 & 2.2183 & 0.2474\end{bmatrix}$$

$$M(k_1)=2.6667,\ m(k_1)=0$$

$$\boldsymbol{\Delta}_1(k_2)=\begin{bmatrix}0.2022 & 0.0000 & 0.0000 & 0.0359 & 0.0000\\ 0.0000 & 0.3131 & 0.4337 & 0.5472 & 1.0000\\ 0.9213 & 0.3737 & 0.8675 & 1.9505 & 2.0000\end{bmatrix}$$

$$M(k_2)=2.0000,\ m(k_2)=0$$

$$\boldsymbol{\Delta}_1(k_3)=\begin{bmatrix}0.0000 & 0.0000 & 0.0000 & 0.0000 & 0.0000\\ 0.0000 & 0.3556 & 0.1026 & 0.0000 & 0.1600\\ 0.0000 & 2.5778 & 1.4359 & 0.1319 & 0.4978\end{bmatrix}$$

$$M(k_3)=2.5778,\ m(k_1)=0$$

$$\boldsymbol{\Delta}_1(k_4)=\begin{bmatrix}0.0000 & 0.0000 & 0.0000 & 0.0000 & 0.0000\\ 0.5000 & 0.1586 & 0.1053 & 0.1538 & 0.0734\\ 1.3182 & 0.3964 & 0.3860 & 0.7692 & 0.1835\end{bmatrix}$$

$$M(k_4)=1.3182,\ m(k_4)=0$$

经过上述差序列矩阵的计算得出：经济效益子集差序列计算的最大值为2.6667，最小值为0；安全效益子集差序列计算的最大值为2.0000，最小值为 0；环境效益子集差序列计算的最大值为 2.577 8，最小值为 0；社会效益子集差序列计算的最大值为 1.318 2，最小值为 0。

11.2.2.4 计算关联系数

根据柠条塔煤矿采用 N00 工法、110 工法和传统采煤方法的各指标的关联系数构建关联系数矩阵，其中 ρ 分辨系数取值为 0.5，由式(9-7)计算如下：

$$\boldsymbol{E}_1=\begin{bmatrix}0.9857 & 1.0000 & 1.0000 & 1.0000 & 1.0000 & 1.0000\\ 1.0000 & 1.0000 & 0.5000 & 0.9681 & 0.4280 & 0.9982\\ 0.8748 & 0.9413 & 0.3333 & 0.9100 & 0.3754 & 0.8435\end{bmatrix}$$

$$\boldsymbol{E}_2=\begin{bmatrix}0.8318 & 1.0000 & 1.0000 & 0.9653 & 1.0000\\ 1.0000 & 0.7615 & 0.6975 & 0.6463 & 0.5000\\ 0.5205 & 0.7279 & 0.5355 & 0.3389 & 0.3333\end{bmatrix}$$

$$\boldsymbol{E}_3=\begin{bmatrix}1.0000 & 1.0000 & 1.0000 & 1.0000 & 1.0000\\ 1.0000 & 0.7838 & 0.9263 & 1.0000 & 0.8896\\ 1.0000 & 0.3333 & 0.4730 & 0.9072 & 0.7214\end{bmatrix}$$

$$\boldsymbol{E}_4=\begin{bmatrix}1.0000 & 1.0000 & 1.0000 & 1.0000 & 1.0000\\ 0.5686 & 0.8061 & 0.8623 & 0.8108 & 0.8998\\ 0.3333 & 0.6244 & 0.6307 & 0.4614 & 0.7822\end{bmatrix}$$

11.2.3 结果评价分析

11.2.3.1 初级评价

根据式(9-8)分别计算出经济效益、安全效益、环境效益和社会效益各自条件下的采用 N00 工法、110 工法和传统采煤方法的关联度。

$$\boldsymbol{R}_1=\begin{bmatrix}0.9857 & 1.0000 & 1.0000 & 1.0000 & 1.0000 & 1.0000\\ 1.0000 & 1.0000 & 0.5000 & 0.9681 & 0.4280 & 0.9982\\ 0.8748 & 0.9413 & 0.3333 & 0.9100 & 0.3754 & 0.8435\end{bmatrix}\cdot$$

$$
\begin{bmatrix} 0.3021 \\ 0.1228 \\ 0.1332 \\ 0.1133 \\ 0.0499 \\ 0.2786 \end{bmatrix} = \begin{bmatrix} 0.9956 \\ 0.9006 \\ 0.7811 \end{bmatrix}
$$

$$
\boldsymbol{R}_2 = \begin{bmatrix} 0.8318 & 1.0000 & 1.0000 & 0.9653 & 1.0000 \\ 1.0000 & 0.7615 & 0.6975 & 0.6463 & 0.5000 \\ 0.5205 & 0.7279 & 0.5355 & 0.3389 & 0.3333 \end{bmatrix} \cdot \begin{bmatrix} 0.0919 \\ 0.1579 \\ 0.2595 \\ 0.4301 \\ 0.0606 \end{bmatrix} = \begin{bmatrix} 0.9696 \\ 0.7041 \\ 0.4677 \end{bmatrix}
$$

$$
\boldsymbol{R}_3 = \begin{bmatrix} 1.0000 & 1.0000 & 1.0000 & 1.0000 & 1.0000 \\ 1.0000 & 0.7838 & 0.9263 & 1.0000 & 0.8896 \\ 1.0000 & 0.3333 & 0.4730 & 0.9072 & 0.7214 \end{bmatrix} \cdot \begin{bmatrix} 0.4169 \\ 0.2236 \\ 0.1285 \\ 0.0747 \\ 0.1563 \end{bmatrix} = \begin{bmatrix} 1.0000 \\ 0.9249 \\ 0.7327 \end{bmatrix}
$$

$$
\boldsymbol{R}_4 = \begin{bmatrix} 1.0000 & 1.0000 & 1.0000 & 1.0000 & 1.0000 \\ 0.5686 & 0.8061 & 0.8623 & 0.8108 & 0.8998 \\ 0.3333 & 0.6244 & 0.6307 & 0.4614 & 0.7822 \end{bmatrix} \cdot \begin{bmatrix} 0.1131 \\ 0.2589 \\ 0.0770 \\ 0.1711 \\ 0.3800 \end{bmatrix} = \begin{bmatrix} 1.0000 \\ 0.8200 \\ 0.6241 \end{bmatrix}
$$

柠条塔煤矿在采用N00工法、110工法、传统采煤方法进行煤矿开采时，在经济效益方面的优劣度分别为0.995 6、0.900 6、0.781 1，安全效益方面的优劣度分别为0.969 6、0.741 1、0.467 7，环境效益方面优劣度分别为1.000 0、0.924 9、0.732 7，社会效益方面优劣度分别为1.000 0、0.820 0、0.624 1。由此可以看出，柠条塔煤矿分别采用三种开采工法的关联度排序都为N00工法＞110工法＞传统采煤方法，即N00工法在经济效益、安全效益、环境效益和社会效益方面都是最优的，其次是110工法，最后传统采煤方法。

11.2.3.2　二级综合评价

将上述计算得到的经济效益、安全效益、环境效益和社会效益指标的关联度构成矩阵，计算N00工法、110工法和传统采煤方法的综合关联度：

$$\boldsymbol{R}=\begin{bmatrix}0.995\,6 & 0.969\,6 & 1.000\,0 & 1.000\,0\\ 0.900\,6 & 0.704\,1 & 0.924\,9 & 0.820\,0\\ 0.781\,1 & 0.467\,7 & 0.732\,7 & 0.624\,1\end{bmatrix}\cdot\begin{bmatrix}0.469\,3\\ 0.279\,1\\ 0.106\,0\\ 0.145\,6\end{bmatrix}=\begin{bmatrix}0.989\,5\\ 0.835\,8\\ 0.665\,6\end{bmatrix}$$

N00工法、110工法和传统采煤方法关联度及优劣次序如表11-7所列。

表11-7　N00工法、110工法和传统采煤方法关联度及优劣次序

	N00工法	110工法	传统采煤方法
关联度	0.989 5	0.835 8	0.665 6
优劣次序	1	2	3

通过上述综合关联度可以看出，采用N00工法产生的综合效益最大，其次是110工法，最后是传统采煤方法。根据表11-7可以看出，N00工法、110工法和传统采煤方法的综合关联度值分别为0.989 5、0.835 8、0.665 6，可以看出N00工法和110工法的效益远大于传统采煤方法。随着110工法、N00工法的普及，对整个煤炭行业的开采将会产生积极的影

响。N00 工法和 110 工法相比，它们大部分指标数据都比较接近，主要因为两者都是进行沿空留巷，N00 工法是 110 工法的进一步升级和优化。但是在个别指标上 N00 工法要优于 110 工法，例如 N00 工法无须提前掘巷，直接边采边留巷，不论在成本投入上，还是在工期接续方面都有较大优势。同时，N00 工法的机械化生产水平比 110 工法和传统采煤方法都要高，安全程度更高。

综上，柠条塔煤矿采用 N00 工法开采具有较好的综合效益，符合煤炭行业可持续发展的要求。其评价结果与具体实践结果一致。

参考文献

[1] 张强. 中国煤炭行业新常态研究[J]. 中国煤炭，2015，41(2)：11-15，29.

[2] 宋晓波，杨涛，宋晓锋. 新时代下煤炭行业高质量发展策略研究[J]. 煤炭工程，2018，50(12)：163-167.

[3] 柳君波，高俊莲，徐向阳. 中国煤炭供应行业格局优化及排放[J]. 自然资源学报，2019，34(3)：473-486.

[4] 林伯强，魏巍贤，李丕东. 中国长期煤炭需求：影响与政策选择[J]. 经济研究，2007，42(2)：48-58.

[5] 谢和平，吴立新，郑德志. 2025 年中国能源消费及煤炭需求预测[J]. 煤炭学报，2019，44(7)：1949-1960.

[6] 王永臻，杨丽丽，门相勇，等. 我国能源行业高质量发展面临的挑战与对策[J]. 中国矿业，2025，34(1)：70-78.

[7] 孙宝东，滕霄云，张帆，等. 2024 年中国能源供需形势研判[J]. 中国煤炭，2024，50(4)：20-26.

[8] 贺佑国，刘文革，李艳强. 世界煤炭工业发展综论[J]. 中国煤炭，2021，47(1)：126-135.

[9] 姚建国. 中国矿业可持续发展与煤矿开采环境问题—21 世纪初矿山岩石力学面临的新机遇和挑战[J]. 岩土力学，2003，24(增刊 2)：633-635.

[10] HE M C，ZHU G L，GUO Z B. Longwall mining "cutting cantilever beam theory" and 110 mining method in China：the third mining science innovation[J]. Journal of rock mechanics and geotechnical

engineering,2015,7(5):483-492.

[11] 何满潮,王亚军,杨军,等.切顶卸压无煤柱自成巷开采与常规开采应力场分布特征对比分析[J].煤炭学报,2018,43(3):626-637.

[12] 赵玉栋.井工煤矿开采的110&N00工法探讨与开拓构想[J].煤炭科技,2020,41(6):1-5.

[13] 何满潮,任晓龙,宫伟力,等.矿山压力对煤矿瓦斯涌出影响实验分析及其控制[J].煤炭学报,2016,41(1):7-13.

[14] 董维武.英国煤炭开采技术和安全生产现状[J].中国煤炭,2008,34(1):77-79.

[15] 钱鸣高.采场上覆岩层的平衡条件[J].中国矿业学院学报,1981,10(2):34-43.

[16] 钱鸣高.采场上覆岩层岩体结构模型及其应用[J].中国矿业学院学报,1982,11(2):6-16.

[17] 宋振琪.采场上覆岩层运动的基本规律[J].山东矿业学院学报,1979(1):64-77.

[18] 宋振骐,宋扬,刘义学,等.关于采场支承压力的显现规律及其应用[J].山东矿业学院学报,1982(1):1-25.

[19] 贾悦谦.我国煤矿巷旁充填新技术现状及展望[J].煤炭科学技术,1993,21(3):2-6,63.

[20] 刘建功,李新旺,何团.我国煤矿充填开采应用现状与发展[J].煤炭学报,2020,45(1):141-150.

[21] 胡炳南,刘鹏亮,崔锋,等.我国充填采煤技术回顾及发展现状[J].煤炭科学技术,2020,48(9):39-47.

[22] KARFAKIS M G,BOWMAN C H,TOPUZ E. Characterization of coal-mine refuse as backfilling material[J]. Geotechnical and geological engineering,1996,14(2):129-150.

[23] BELEM T,BENZAAZOUA M. Design and application of underground mine paste backfill technology[J]. Geotechnical and geolo-

gical engineering,2008,26(2):147-174.

[24] MUNJERI D. Prevention of subsidence using stowing methods[J]. International journal of rock mechanics and mining sciences & geomechanics abstracts,1987,235(7):244-250.

[25] 孙恒虎,宋存义. 高水速凝材料及其应用[M]. 徐州:中国矿业大学出版社,1994:58-66.

[26] 胡华,孙恒虎. 矿山充填工艺技术的发展及似膏体充填新技术[J]. 中国矿业,2001,10(6):47-50.

[27] 程坤,杨宝贵,张宝刚,等. 我国煤矿充填开采技术现状及发展方向[J]. 煤炭技术,2018,37(3):73-76.

[28] DENG Y H,TANG J X,ZHU X K,et al. Analysis and application in controlling surrounding rock of support reinforced roadway in gob-side entry with fully mechanized mining[J]. Mining science and technology (China),2010,20(6):839-845.

[29] 杨宝贵,杨捷,彭杨皓. 煤矿高浓度胶结充填开采沿空留巷技术研究[J]. 金属矿山,2015(7):25-29.

[30] 何满潮,朱国龙."十三五"矿业工程发展战略研究[J]. 煤炭工程,2016,48(1):1-6.

[31] HE M C,CHEN S Y,GUO Z B,et al. Control of surrounding rock structure for gob-side entry retaining by cutting roof to release pressure and its engineering application[J]. Journal of China University of Mining and Technology,2017,46(5):959-969.

[32] HE M C,GAO Y B,YANG J,et al. An innovative approach for gob-side entry retaining in thick coal seam longwall mining[J]. Energies,2017,10(11):1785.

[33] 何满潮,陈上元,郭志飚,等. 切顶卸压沿空留巷围岩结构控制及其工程应用[J]. 中国矿业大学学报,2017,46(5):959-969.

[34] 何满潮,王亚军,杨军,等. 切顶成巷工作面矿压分区特征及其影响

因素分析[J]. 中国矿业大学学报,2018,47(6):1157-1165.

[35] WANG Q,HE M C,YANG J,et al. Study of a no-pillar mining technique with automatically formed gob-side entry retaining for longwall mining in coal mines[J]. International journal of rock mechanics and mining sciences,2018,110:1-8.

[36] 卫明师. 煤矿企业经济效益综合评判方法及其应用[J]. 系统工程理论与实践,1993,13(2):65-74.

[37] 张甫仁,景国勋,金祖权,等. 煤矿企业经济效益的灰色多层次综合评判[J]. 焦作工学院学报,2002(1):75-78.

[38] 郭敬. 中国煤炭经济发展现状及改变中国煤炭经济发展的措施分析[J]. 时代金融,2014(36):6,10.

[39] CHEN S Z,WANG H J,LI K M,et al. Influence of coal price to exploitation mode in China[M]//Information computing and applications. Berlin,Heidelberg:Springer Berlin Heidelberg,2011:546-553.

[40] ZHANG Y,LI C Y,SI Y L,et al. Influence of refuse content on economic benefits for fully mechanized top coal caving[J]. Procedia engineering,2011,26:2391-2399.

[41] ZHENG A H,ZHENG X H,XU J L,et al. Research on mining cost of coalbed methane based on activity management:field study of mining with pressure-releasing in Yangquan minefield [J]. Procedia earth and planetary science,2009,1(1):1668-1672.

[42] LI A B,ZHOU M,LU M Y. Economic analysis and realization mechanism design for full cost of coal mining[J]. Procedia earth and planetary science,2009,1(1):1686-1694.

[43] WANG Z G,KUANG Y L,LIN Z,et al. Model of coal product structure based on particle swarm optimization algorithm[J]. Procedia earth and planetary science,2009,1(1):640-647.

[44] 赵晓琪. 4M-C-I 视角下的煤矿本质安全评价研究[D]. 邯郸:河北工

程大学,2017.

[45] 刘洋. AHP 在煤矿通风系统安全评价中的应用[J]. 煤矿现代化,2018,27(1):110-112.

[46] 穆仲. 层次分析法在煤矿安全管理中的应用[J]. 陕西煤炭,2018,37(3):125-127.

[47] 葛家新,宋璐璐,屈永良,等. 基于改进多边形评价法的煤矿安全综合评价研究[J]. 煤矿现代化,2016,25(4):49-51.

[48] 姜维维,栗继祖. 基于模糊 DEA 煤矿安全风险预控管理体系评价模型[J]. 煤矿安全,2015,46(11):238-240,244.

[49] 彭婧. 基于 AHP 的煤矿生态环境综合评价及措施研究[J]. 山西化工,2017,37(4):146-149.

[50] 张瑞,张晓东,丁日佳. 基于 VIKOR 方法的煤矿生态建设评价研究[J]. 科技管理研究,2015,35(9):62-65,70.

[51] 黄岑丽. 潞安矿区煤炭开采对地质环境影响的研究[D]. 北京:中国矿业大学(北京),2013.

[52] 胡振琪,龙精华,王新静. 论煤矿区生态环境的自修复、自然修复和人工修复[J]. 煤炭学报,2014,39(8):1751-1757.

[53] 王龙康. 煤矿安全隐患层次分析与预警方法研究[D]. 北京:中国矿业大学(北京),2015.

[54] 王亚博. 煤矿开采沉陷非污染生态环境影响[J]. 能源与环境,2008(3):110-111.

[55] 蒲施桦. 煤矿区水土保持综合效益评价指标体系研究[D]. 西安:西安科技大学,2012.

[56] 万林葳. 生态矿区建设期环境成本与效益研究[D]. 徐州:中国矿业大学,2012.

[57] ORDIN A A. Ecological-economic evaluation of status and future line of development of coal mining in the Kuznetsk basin[J]. Journal of mining science,1994,30(2):218-222.

[58] MEKUSH G E,ELGINA Y M. The assessment of the loss of economic benefits from ecosystem services and biodiversity at the stage of design and function of coal companies[J]. IOP conference series: earth and environmental science,2019,272(2):022037.

[59] 张宝生,罗东坤,平洋. 中国煤层气开发社会效益的评价[J]. 统计与决策,2008,24(18):53-56.

[60] DANE A. Assessing the socio-economic impacts of mining: case study of the Landau Colliery,South Africa[M]. Springer,Berlin,Heidelberg:Mining,Society,and a Sustainable World,2009:397-436.

[61] 庞晶,宋晓慧,周茂敬. 采煤塌陷区综合治理模式研究:以菏泽市采煤塌陷区为例[J]. 山东财经大学学报,2018,30(4):109-119.

[62] 赵国浩,卢晓庆. 煤炭开采综合效益模型及其应用[J]. 资源科学,2011,33(10):1924-1931.

[63] 郑帅. 阜新市煤矿区水土保持综合效益评价指标体系探讨[J]. 地下水,2019,41(3):198-200.

[64] 王蕾,刘安琪. 厚夹矸煤层分层综采与合层综放经济效益对比分析[J]. 煤炭工程,2012,44(12):135-137.

[65] 张凤麟. 煤层气项目综合经济评价模型研究[J]. 中国矿业,2009,18(4):1-3,7.

[66] 崔艺馨,李永峰,王晓辉. 煤矿区土地利用综合效益耦合关系分析[J]. 中国矿业,2018,27(1):89-94.

[67] 王娜. 煤炭企业资源开发利用效益审计研究[D]. 青岛:山东科技大学,2018.

[68] 高新虹. 我国煤炭开采综合效益评价研究[J]. 现代工业经济和信息化,2017,7(7):3-4,10.

[69] KRAWCZYK P,MAJER M,KRZEMIEŃ J. Proposal of economic assessment of hard coal mines operation conducted in Polish conditions with the use of cost benefit analysis[J]. Archives of

mining sciences,2016,61(4):875-892.

[70] ZHU Z W,WEI S M,ZHOU K,et al. Evaluation and analysis of land ecological economic benefit in Baodian mining area[J]. IOP conference series: earth and environmental science, 2020, 440(5):052037.

[71] 何满潮,宋振骐,王安,等.长壁开采切顶短壁梁理论及其110工法:第三次矿业科学技术变革[J].煤炭科技,2017,38(1):1-9,13.

[72] 高玉兵.柠条塔煤矿厚煤层110工法关键问题研究[D].北京:中国矿业大学(北京),2018.

[73] 何满潮,曹伍富,单仁亮,等.双向聚能拉伸爆破新技术[J].岩石力学与工程学报,2003,22(12):2047-2051.

[74] 何满潮,郭鹏飞,张晓虎,等.基于双向聚能拉张爆破理论的巷道顶板定向预裂[J].爆炸与冲击,2018,38(4):795-803.

[75] 何满潮,郭志飚.恒阻大变形锚杆力学特性及其工程应用[J].岩石力学与工程学报,2014,33(7):1297-1308.

[76] 李宁.不同能源输送方式的技术经济分析[D].北京:华北电力大学,2008.

[77] FATAH L. The impacts of coal mining on the economy and environment of south Kalimantan Province,Indonesia[J]. Asean economic bulletin,2008,25(1):85-98.

[78] JBLIGNAUT N. Economic costs of coal combustion in RSA[C]//Forum for Economic and Environment Conference. [S. l.],2002:245-265.

[79] ADEN N,FRIDLEY D,ZHENG N. China's coal:demand,constr-aints,and externalities[R]. (2009-04-20)[2023-08-26]https://www.zhangqiaokeyan.com/ntis-science-report_other_thesis/0207 1119885.html.

[80] 刘勇生.煤炭开发负外部性及其补偿机制研究[D].北京:北京理工大学,2014.

[81] 高殿军.煤炭产品的完全成本及其补偿机制研究[D].阜新:辽宁工程技术大学,2013.

[82] 姜伟.外部性视角下的我国煤炭资源完全成本的构建[D].徐州:中国矿业大学,2014.

[83] 赵海龙.煤炭企业成本构成及其控制问题研究[D].武汉:华中科技大学,2010.

[84] 钱鸣高.煤炭的科学开采[J].煤炭学报,2010,35(4):529-534.

[85] 李超.世界发展经验和发展理念是提出科学发展观的重要借鉴[J].经济师,2011(2):39-40,44.

[86] 钱鸣高.加强煤炭开采理论研究 实现科学开采[J].采矿与安全工程学报,2017,34(4):615.

[87] 谢和平,王金华,姜鹏飞,等.煤炭科学开采新理念与技术变革研究[J].中国工程科学,2015,17(9):36-41.

[88] 万君康.科研经济效益分析的原理与方法[J].科技管理研究,1983,3(2):7-15.

[89] 闪淳昌.中国安全生产年鉴(2002)[M].北京:煤炭工业出版社,2003.

[90] 国家安全生产监督管理总局.中国安全生产年鉴(2005)[M].北京:煤炭工业出版社,2006.

[91] 周铭轩,张渝,胡社荣.基于模糊数学的煤矿安全管理评价[J].矿业安全与环保,2017,44(6):116-119,124.

[92] 蒋星星,李春香.2013—2017年全国煤矿事故统计分析及对策[J].煤炭工程,2019,51(1):101-105.

[93] 李瑞峰,任仰辉,聂立功,等.关于煤炭生产效率与去产能的思考[J].煤炭工程,2017,49(3):1-3.

[94] 耿明.我国煤炭开采综合效益评价研究[J].中小企业管理与科技(下旬刊),2015(6):76.

[95] 卞孝东,冯安生,陈江峰,等.我国煤矿采区回采率调查评价[J].现

代矿业,2016,32(11):36-37.
[96] 江苏煤研所无煤柱课题组.无煤柱开采是提高资源回采率的重要途径[J].江苏煤炭科技,1982,7(1):1-6.
[97] 柴华彬,邹友峰.煤炭开采对粮食安全的影响及其对策[J].中国安全科学学报,2006,16(11):129-133.
[98] 彭立,杜勇立,黄满红,等.煤矸石堆场对周围水环境中的污染分析研究[J].环境科学与管理,2014,39(10):34-36,55.
[99] 孙莎,曲少东.煤矸石的危害与绿色应用[J].科技经济导刊,2019,27(20):96-97.
[100] 曾庆铭.煤炭开采对地下水资源的破坏机理和保护对策研究:以华丰煤矿为例[D].青岛:山东科技大学,2010.
[101] 王然,黎骥,李素峰.煤炭开采过程中生态补偿费用的确认与计量[J].财会通讯,2019(7):19-23.
[102] 孙嘉辰.矿产开发生态补偿费用计算方法及实例研究[D].大连:大连理工大学,2011.
[103] 申杰,郑杰.山西省煤炭企业生态补偿费用计量体系构建[J].煤炭经济研究,2024,44(4):100-104.
[104] 袁航,石辉.矿井水资源利用的研究进展与展望[J].水资源与水工程学报,2008,19(5):50-57.
[105] 张艳梅.几种边坡生态防护工法的成本效益分析[D].武汉:湖北工业大学,2018.
[106] 张召冉.炮掘岩巷掘进影响因子系统分析及综合评价研究[D].北京:中国矿业大学(北京),2013.
[107] 殷起鸣,武春友.工业技术改造项目的技术经济评价[J].大连工学院学报,1984,24(3):121-125.
[108] 李明.尘肺发病率分析及预防策略[D].哈尔滨:哈尔滨理工大学,2018.
[109] 朱景学.关于采区回采率计算方法的探讨[J].能源基地建设,1994

(1):36-38.

[110] 袁霞.水资源可持续利用与水资源管理[J].珠江水运,2020(3):107-108.

[111] 夏翔,方建亮,谢颖捷,等.基于层次分析与灰色模糊综合评价的多能互补工程项目综合效益评估[J].济南大学学报(自然科学版),2020,34(1):76-84.

[112] 杨贵军,蒋朝辉,桂卫华,等.基于熵权-可拓理论的高炉软熔带位置状态模糊综合评判方法[J].自动化学报,2015,41(1):75-83.

[113] 谢丽娟,陈俏.模糊综合评判中合成算子的选取[J].科协论坛(下半月),2012(9):103-104.

[114] 苏为华.模糊综合评价合成过程中"取小取大"算子的不合理性及改进[J].商业经济与管理,2003(4):32-36.

[115] 李玉辉,张建.灰色关联度分析法在系统综合评价中的应用[J].山东交通科技,2005(4):11-13.

[116] 董思思.基于云模型的煤炭建设项目评价[D].哈尔滨:黑龙江科技学院,2012.

[117] 刘范远.某煤矿 2000—2015 年尘肺病监测结果分析[J].现代医学与健康研究电子杂志,2018,2(6):169.

[118] 王亚军,何满潮,王琦,等.无煤柱自成巷 N00 工法采留一体化装备与围岩控制关键设计[J].煤炭学报,2022,47(11):4011-4022.

[119] 黄瑞峰.柠条塔煤矿切顶卸压顶板垮落碎胀机理及矿压规律研究[D].北京:中国矿业大学(北京),2022.

[120] 姜智敏,苏立功,杨化彭,等.煤炭成本完整化核算方式与税收政策研究[C]//中国煤炭工业协会.中国煤炭经济研究(2005—2008).北京:煤炭工业出版社,2009:324-367.

[121] 孙婷婷.我国煤炭资源开发环境成本计量及补偿金机制研究[D].北京:中国地质大学(北京),2014.

[122] 刘艳敏.煤炭价格影响因素分析及机制研究[D].北京:中国矿业大

学(北京),2012.

[123] 周大卫,彭静,李冬,等.浅析煤矿开采造成的不均匀沉降对地表建筑物的影响及预防[J].科技创新导报,2017,14(6):155-156.

[124] 郑娟.煤炭井工开采的地表沉陷影响预测与生态综合整治、恢复对策研究:以陕西北部煤矿为例[D].杨凌:西北农林科技大学,2012.

[125] ZHANG M J, YUAN X Z, GUAN D J, et al. An ecological scenario prediction model for newly created wetlands caused by coal mine subsidence in the Yanzhou, China [J]. Environmental geochemistry and health, 2020, 42(7): 1991-2005.

[126] LI B Y, ZHOU N, QI W Y, et al. Surface subsidence control during deep backfill coal mining: a case study[J]. Advances in civil engineering, 2020, 2020(1): 6876453.

[127] VARGAS L G. An overview of the analytic hierarchy process and its applications[J]. European journal of operational research, 1990, 48(1): 2-8.

[128] SAATY R W. The analytic hierarchy process: what it is and how it is used[J]. Mathematical modelling, 1987, 9(3/4/5): 161-176.

[129] LIU J W, YANG B B, YUAN S C, et al. A fuzzy analytic hierarchy process model to assess the risk of disaster reduction due to grouting in coal mining[J]. Arabian journal of geosciences, 2020, 13(5): 227.

[130] 郭政昇,郑国璋,王娟.基于AHP模型的神木煤炭产业发展战略分析[J].商洛学院学报,2017,31(6):80-84.

[131] 阎跃观,郜亚东,张旺,等.基于层次分析-灰色关联评判法的村庄压煤采搬决策研究[J].煤矿开采,2018(4):54-57,61.

[132] 郝永青,宋选民.基于层次分析理论的特厚煤层开采方法优选研究[J].煤炭技术,2017,36(9):35-37.

[133] 梅振国.灰色绝对关联度及其计算方法[J].系统工程,1992,10(5):43-44.

[134] GAO C L,LI S C,WANG J,et al. The risk assessment of tunnels based on grey correlation and entropy weight method [J]. Geotechnical and geological engineering,2018,36(3):1621-1631.

[135] 崔益嘉.基于灰色理论的煤炭建设项目经济效益后评价方法研究[D].西安:西安科技大学,2009.

[136] 龙如银.煤炭企业经济效益综合评价的新方法[J].中国矿业大学学报,1999,28(3):65-68.

[137] 郭晴.村庄下压煤膏体充填开采的综合效益评价研究[D].徐州:中国矿业大学,2017.

[138] 张超.基于生态补偿角度下榆林市煤炭资源环境外部成本核算[J].科技创新导报,2019,16(28):122-123.